● 探究式学习丛书 ●

飞碟观测：赞美与怀疑

文轩 章润 编著

甘肃科学技术出版社

图书在版编目（ＣＩＰ）数据

飞碟观测：赞美与怀疑／文轩，章润编著．－－兰州：甘肃科学技术出版社，2012.1

（探究式学习丛书）

ISBN 978 - 7 - 5424 - 1583 - 7

Ⅰ.①飞… Ⅱ.①文…②章… Ⅲ.①飞碟—青年读物②飞碟—少年读物 Ⅳ.①V11 - 49

中国版本图书馆 CIP 数据核字（2011）第 279419 号

责任编辑	左文绚	
装帧设计	林静文化	
出　　版	甘肃科学技术出版社（兰州市读者大道 568 号　0931 - 8773237）	
发　　行	甘肃科学技术出版社（联系电话：010 - 61536005　010 - 61536213）	
印　　刷	北京飞达印刷有限责任公司	
开　　本	710mm × 1020mm　1/16	
印　　张	12	
字　　数	150 千	
版　　次	2012 年 3 月第 1 版　2012 年 3 月第 1 次印刷	
印　　数	1 ~ 10 000	
书　　号	ISBN 978 - 7 - 5424 - 1583 - 7	
定　　价	23. 80 元	

前　　言

　　自从 1947 年阿诺德目击飞碟以来，飞碟活动日益频繁，范围也在不断扩大，许多国家都发现了它的身影。越来越多的人声称看到了飞碟，在美国就有三分之二的人知道飞碟，数百万人宣称与飞碟有过一面之缘，还有很多人声称曾遭不明飞行物的绑架。在全世界众多的目击者中有平常百姓，也有如飞行员、宇航员、天文学者等专业人士，甚至连保守的政府官员也有见过飞碟的，如吉米·卡特、罗纳德·里根。杜鲁门曾就 UFO 的问题请教过爱因斯坦，爱因斯坦的回答是："做什么都可以，就是千万不要向他们开炮射击，绝对避免与他们发生战争。否则，他们或许会依靠他们高超的科学力量来毁灭我们这个世界。"

　　英国最早发现飞碟是在 1954 年。当时，有一架英国飞机在从纽约飞往伦敦途中，机长在 5700 米高度看到七个（一大六小）不明飞行物，并不断变化着形状。当闻讯前来接应的战斗机出现时，不明飞行物以令人吃惊的速度飞走了。英国国防部发言人曾在一项公告中承认："我们对在英国发现不明飞行物的许多详细报告给予重视。我们不能忽视在宇宙中存在智能生命以及他们访问地球的可能性。"而发生在 1980 年圣诞节期的瑞德尔杉木林事件，更称得上是英国 UFO 事

件中的谜中之谜。

法国则早在 1950 年就接连发现不明飞行物掠过里昂市、长街市上空。1954 年，法国空军被越来越多的天外不速之客扰得惶惶不安。法国布朗夏尔将军在其提交的一份报告中警告说："如果解释说'不明飞行物根本不存在'，作为政府安定民心的一种办法还可以接受。但如果国防部的官员也接受这一结论，那就大错而特错了。"他的观点充分代表了法国军界、政界对这一问题所持的立场。

1962 年 5 月 24 日，阿根廷有五个省数百人见到一个巨大的飞碟。当地政府证实了此事，并正式宣布有一飞碟在拉潘帕着陆。

1986 年 6 月，意大利报纸刊登了八幅 UFO 照片，是由米兰的居民在一天夜晚 4 次目击 UFO 时拍下的。电视台还播放了一部长达 25 分钟的 UFO 录像片，内容是一个呈平面六面体的 UFO 在空中飞行的全过程。

巴西可以说是 UFO 频繁出没的国家，在世界 UFO 发现史上占据着特殊的位置。在那里发生过大量奇特的 UFO 事件：如发现被遗弃的外星婴儿，被"外星人"大量屠杀的牲畜……人们推测在巴西可能有 UFO 通道。比利时在 1989 年 11 月到 1990 年 5 月间，共有 1 万多人次目击到 UFO。值得一提的是，1992 年 3 月 30 日发生的集体目击飞碟事件，当时比利时空军进行了追击，事后政府公开发表了有雷达图像的报告。

在中国，近十年来有关 UFO 群体性目击事件也是络绎不绝。

世界上有三分之一的国家对 UFO 有所研究，有 1 亿多人相信 UFO 存在，有 5% 的人声称看到过 UFO。对 UFO 研究态度积极的国家有：美国、英国、法国、德国、俄罗斯、意大利、日本、阿根廷、秘鲁、墨西哥、巴西等国，其中有美国、英国、俄罗斯、法国、巴西、格林纳达等国的政府设立了公开或秘密的研究机构。

美国的"蓝皮书计划"更是人尽皆知。而前苏联于 1967 年就成立了"全苏宇宙航空常设委员会"，随后又成立了"远东不明现象考察委员会"的研究组织，曾受理了1.4万余件目击报告。英国军方于1962年正式成立了UFO研究机构"不列颠不明飞行物研究组织"，由官方出面组织调查研究。

法国对UFO一直非常关注。UFO已被正式列入国家科研项目，从事这项科学研究的官方机构是"法国国家空间研究中心"（CUES），也是世界唯一设有对UFO特殊现象进行研究与鉴定常设机构的国家。警察署有专人负责收集这方面的情况，所有准尉以上的警官都传阅过有关飞碟的照片。军方也全力配合，遍布城乡的数以万计的法国宪兵都是官方的UFO调查员。

日本在UFO研究方面有自己的独创性。日本UFO杂志《GO2O》曾利用大型数据分析系统解析出世界第一个《UFO技术说明书》，受到世界UFO研究者的高度重视。早在1955年7月，日本就创建了第一个UFO研究团体"日本UFO研究会"。1979年9月，日本建起了世界独一无二的"UFO资料馆"，陈列了世界各国拍摄到的UFO照片、录像以及各种UFO研究的书刊、杂志、模型等。

在美国空军开展"蓝皮书计划"调查并发表"康顿报告"的启发带动下，法国国防部以1954年集中发生的事件为开端，由该中心的科学计划部主任、天文学家克罗德·波埃尔用计算机对国际部收集的3.5万件目击报告与气球、飞机、人造卫星、流星和星星等严密对照，然后分析与已知现象不相符的约1000件事例，公布了有趣的资料：第一，UFO的基本形状为圆盘形、球形和卷叶形；第二，通常夜间发橘红色光，白昼呈磨光金属的颜色；第三，轨道无视物理学力学法则；第四，目击报告数大约是实际发生数的一成；第五，目击事件三成出现在白天，七成在夜晚，与人类户外活动时间成反比；第六，目击事件约有一成是着陆目击，其中半数有搭乘者出现；第七，目击事件与大气透明度成正比；第八，目击者没有职业、学历、年龄偏颇；第九，目击事件与磁场异常有相关性；第十，是物理现象，不是心理现象。

英国国防部英国国防部自 1950 年成立 UFO 项目以来，收到 1 万多份关于 UFO 事件的报告。直到 2005 年，由于《信息自由法》的实施，才使 UFO 档案逐渐得以公开。英国国防部看重研究 UFO 是否具有军事威胁，一直到 2006 年 5 月才发布了一篇题为《英国领空的未知空气现象》的报告。这篇历时 4 年完成的报告在立场上与科学界基本一致，直接将 UFO 现象定性为"大气中漂浮的等离子"，认为"这些发光的气体离子可盘旋、降落和飞快地加速，具有优异的空气动力学特征"。

苏联科学院也从众多目击案例中挑选出 265 起案例，形成了一份《对苏联大气层的反常现象的观察统计和分析》的报告。这份长 70 页的报告所举案例，有一半以上来自以天文为主的苏联科学家。据说，另外还有一份分析 2 万起 UFO 案例的详细报告，是由苏联研究不明飞行物的最高权威、天文学教授齐盖尔博士领导的 19 位科学家组成的小组收集、整理后，交由莫斯科航空学院电脑分析形成的。这份长达 475 页的秘密报告打印件，已于 20 世纪 80 年代由一位苏联记者私自传到西方。报告不仅详细记述了发生在苏联的案例概况和细节，而且也描述了飞碟乘员形态特征和活动情况。

以上列举的这些权威的科学报告，除法国外，都有一个共同的特点：就是都在否认大部分目击 UFO 现象的同时，肯定有一小部分 UFO 现象"无法定论"。这种不约而同的判断，尽管不可能完全准确，但还是比较符合逻辑的。

席卷世界的"UFO 热"，理所当然地引起了联合国历届秘书长的莫大关注。早在 1966 年 2 月，联合国秘书处公共情报办公室官员，即美国国际 UFO 研究与分析组织（ICUFON）的主任科尔曼·冯克维茨基，就把他"关于宇宙飞船（UFO）对地球的行动所做出的首次分析"送交给了当时的联合国秘书长吴丹。1978 年 10 月，联大 33 次会议上"证明 UFO 确实存在，国际安全受到威胁"的绿皮书备忘录，终于赢得了 UFO 史上划时代时刻的到来。11 月 27 日，在第三十三届"联大"特别政治委员会上，格林纳达政府提交了第 126 号议题的决议草案：

由联合国设立一个机构或一个局，负责进行和协调对不明飞行物及有关现象的研究工作，并负责发布所取得的成果。

12 月 6 日 11 时 30 分，特别政治委员会第 47 次会议在本届主席哥斯达黎加的皮扎埃斯卡兰特主持下召开。12 时 5 分，会议一致通过了"大会提请各有关成员国采取必要的立场，以便在有关国家协调包括不明飞行物在内的外星生命的科学研究和调查，并把目击案例、研究情况和这些活动的成果报告秘书长"等内容的决议。

从此，UFO 研究成为举世公认的全人类事业。联合国在 UFO 研究方面的协调、指导工作一直没有停顿过。

1977 年，讨论 UFO 的第一届国际大会在墨西哥召开。

1983 年，第二届 UFO 代表大会在巴西举行。

1993 年 10 月 22 日，由联合国主持的"地球外高智慧生命与人类未来研讨会"在纽约总部举行。会议的四大主题是：①英国与世界各国作物田上神秘圈状痕的研究；②日本政府兴建 UFO 馆的意义；③人类被外星人绑架事件的真实性；④外星人制造的 UFO 以及地球人制造的 UFO 之区别。会议进一步促进了各国研究的不断深入。

1994 年，第四届国际 UFO 代表大会在美国举行，我国代表孙式立第一次向国际 UFO 学术界全面介绍了中国在 UFO 研究领域中的进展情况，受到了热烈欢迎。

1995 年和 1997 年召开的国际 UFO 第五、第六届会议都是在美国拉斯维加斯举行的，中国代表在会上受到了参加大会主席团和发言不限时间的殊荣。

　　1998 年 2 月，第七届国际 UFO 代表大会在美国拉夫林举行，中国也派代表参加了会议。此外，还参加了在澳大利亚、巴西、圣马利诺等地召开的国际 UFO 学术研讨会。

　　2004 年 UFO 大会在中国大连召开。

　　从以上世界各国的研究趋向和联合国的决议内容都可看出，把 UFO 现象与外星生命相联系已成为当今世界的共识。

目　　录

第一章 非典型美国 UFO 事件

美国无疑是世界上 UFO 光临最多的国家，据称曾有数百万人目击过 UFO。但是多次目击过 UFO，并能够拍到照片的人却少之又少。

第一节 UFO 的摄影师

在 1987 年 11 月 11 日，艾德·瓦特，自称是一位很卓越的商业家，正在家中办公。他认为他看到有某个物体在前院松树后面 10 米的地方闪光。他步出房屋张望，并看到了一庞大体形的飞行器，在机身的中央部分带有一列暗色方形和狭小的出口舱。在机身底部有一明亮的闪烁的光环。

瓦特认为这是很不常见的物体，于是瓦特回到屋中，取了一架旧的波拉罗伊德照相机。他又重新回到院中，拍下了当飞行器从树后移动时的照片。总而言之，他在距飞行器大约 45 米远的地方，当飞行器继续向东北方向移动时，拍下了 5 张照片，取出胶卷，他返回他的办公室，重新调整他的照相机，并且冲洗了这 5 张图片。然后，根据他所诉，他被一束蓝色的与他身体平行的光束击倒，并被摔在地上。他听到在他的头脑里闪现的是像计算机发出的声音："我们不会伤害你。"其他的印象和微弱的声音充满了他的头脑。突然，当蓝色光束

消失时，他摔倒在公路上。当他再抬头看时，UFO 也已经不见了。

恰恰在 6 天之后，瓦特拜访了戴恩·卡特，《波斯湾风波调查》的编辑。他向卡特展示了图片，但是却声称已经被其他人翻拍过。瓦特给了卡特一封很权威的信笺，是由未署名的照相师所写，用于解释此情况。两天之后，在 1987 年 11 月 19 日，这封信和图片都在报纸上发表。

再次邂逅

在 11 月 20 日，当瓦特回到家中，走到门口时，他耳朵听到了一阵轰鸣声。最初，他几乎未注意到，但轰鸣声一点一点变大，直到几乎不能忍受。他走进房间内，他的妻子弗朗斯跟在后面，然后又走出房子。根据瓦特所讲，此轰鸣声与他被蓝色光束击倒时所听到的完全一样。他们未发现空中存在任何东西。

瓦特走进他的办公室，并坐了下来。在他的头脑里响彻着声音。对他来讲，那声音似乎像非洲方言。当他的妻子和他的女儿一起进来告诉他她想去观看足球赛，他也就未曾告诉有关声音的事情。

在他们离开后，瓦特拿起他的照相机，并走到前门。在外面，他说："我听到你们了，你们在。"于是气流猛地冲击了一下，并且发自宇宙的声音说："请冷静，朝前走。"

在他头顶的正上方，有一束光突然朝他猛射下来。瓦特举起照相机，但听到一个声音用西班牙语对他讲不许拍照。此女性的声音告诉他："你不能披露他们，他们不会伤害你，仅仅是几个测试，只此而已。"

但瓦特并未在意。当 UFO 在电线杆上盘旋时他拍了一张照片。而声音依然存在，UFO 朝向右边，他又拍了第二张。那时一个声音对他讲让他向前走一步，以便于他能够进入到飞行器。瓦特对他们讲他们没有权利去做他们正在做的事情，那个声音说："我们有权利。"

女性声音又说，"我们现在就向你靠近。"瓦特拍了第三张照片。一位纤弱女子的形象印入他的脑海。UFO 向前移动、上升，进入天空，非常迅速地消失了。

婴儿的哭泣

接着在 12 月 2 日，当他被婴儿的哭声（在他的家中和邻居的家中都没有婴儿）惊醒时他又看到了 UFO。尽管如此，瓦特还是困惑。然后他听到了用西班牙语讲述和谈论正在哭泣的婴儿。由他妻子相伴，瓦特带了一支 32 口径的手枪，检查了房间和院子。出来返回时他看到 UFO 正在迅速地升空。它停在游泳池旁边大约 30 米的地方，然后在停降之前有一小段距离的滑翔。

瓦特又回到房间内陪伴他的妻子，他的妻子是第一次看到飞行器。他所描述的"UFO 的声音"命令他"立刻向前走"。

瓦特又一次拿起他的波拉罗伊德照相机和他的手枪走出门外。在

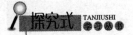

他后院的游泳池旁，他拍下了另一张照片，但是当光射出时，他感到他被触到了。他又回到房子里，与他的妻子一起，看到UFO消失了。当飞行器飞走后，头脑里的轰鸣声消失了。

之后躺在床上，瓦特说他听到狗又在叫，他认为这很不正常。瓦特又起来，带上他的手枪和照相机，走到门前，确信他将能够又一次看到UFO。然而，当他拉开窗帘，就在离他几十厘米的地方，有一个长有大眼睛的像人的动物。它戴一顶透明材料制成的头盔，头盔的下沿与眼眉相齐，显然是为了能够看到东西。

瓦特经历过其他的UFO事件并拍下了很多飞行器的照片，看起来很平静，他也没有遵循他们的命令不去拍摄此物体的图片，并忘记了他手中的照相机。他惊讶地尖叫，往后跳了一下，并且绊倒了。瓦特举起手枪，认为如果此人试图进入他的房间的话，他应该扣动扳机，于是未曾想过要拍照。

蓝色光芒

瓦特最终站了起来，然后试着将门锁住。他放下手枪和照相机。那些"人"又出现了。但是在不足6米内。瓦特确信他能够抓住他们，但是当瓦特打开门，试图走出屋子时，他又一次被一束蓝色的光芒击倒了。似乎他的脚被钉在地板上一样。当那束光束想将他提起时，他抓住门口的边缘，试图平衡。弗朗斯抓住他并把他拉住。两个人都看到在后院距空中大约15米的地方有一不明飞行物。

当不明飞行物在附近领域的上空盘旋时，此时的瓦特已经恢复了自由，就又拿起了照相机，拍下了UFO的一张照片。他未能拍下外星人的照片，但是头脑里印象足以摄取另一张不明飞行物的照片。他看到物体又发出另一道光芒，并且瓦特相信这次可以抓住外星人。可能在飞船外可以"抓住"他。

在接下去的几天里，瓦特又接连几次看到了UFO，他一次又一次地听到来自飞船的声音。他们称呼瓦特为"泽哈斯"，并且告诉他，他们将接触他。当飞行器在近地面处盘旋时他拍摄到更多的飞行器的照片。到 12 月 17 日，他已经有了 17 张有关不明飞行物的照片。截止到 12 月末，瓦特指出录影带将会比照片更引人注目。在 12 月 28 日，他制作了一个历时一分半钟的录影带。根据瓦特的记述，他的妻子、他的儿子戴恩和他的女儿都看到过 UFO。

拍照的乐趣

另一次巧遇是在 1988 年 1 月 12 日。当瓦特驾驶汽车行进在一段乡间公路上，他被两道令人眼花缭乱的光芒击中，使他的左臂和手有刺痛感，但是没有其他的感觉。在他前面 150 米的地方盘旋的是他比较熟悉的 UFO。瓦特试图停车，并且急速转弯，但是他的手不听使唤。他将车停在距飞行物 60 米的地方。尽管他不能驾车，但是他可以拿起他的照相机，并且拍下了 UFO 的另一张照片。

当飞行器开始向他滑翔时，瓦特弃了汽车，试图爬到汽车底下准备躲藏。在他能够逃离之前，他又一次被那些蓝色的光束击中，并且他的腿开始麻木。尽管他的半个身躯在车底下，但是 UFO 是可见的。当一个声音告诉他："你正处于危险之中，我们不会伤害你，朝前走。"瓦特还是拍下了另一张照片。瓦特根本未在意此信息。

5 道蓝色光芒从飞行器射出，在地面上出现了 5 个"人"，开始朝他走来。当他手拿照相机时瓦特又一次碰巧遇上了外星人，但是不知为何他未能拍下他们的照片。相反，他歇斯底里地尖叫，并钻进汽车，开车逃掉。显然他的腿和手当时很正常。

在接下去的一个月里，瓦特继续遇上了 UFO，并拍下了他们的照片。在 1 月 21 日，他正在通过手提无线电话机与在相距一街区的用照相机负责监视的鲍伯·瑞德交谈。瑞德发现瓦特曾经报道过的光芒，但是他证明他们是小型宇宙飞船。瓦特说瑞德未能在正确方向看到真正的 UFO。

在 2 月末，UFO 互联网提供给瓦特一个特殊的照相机，此照相机

具有4个镜头可以拍下3个不同尺寸的照片。此照相机能够使得每张照片有4个底片。这使得在底片的基础上，能够积累关于此物体的各种各样的信息。当晚瓦特拍摄了更多的照片，至少是在远处的光线的照片。弗朗斯认为此物体很小很近，但是瓦特认为很大很远。这些照片没有一张与其他的照片中怪诞景象相吻合。

在3月8日，瓦特又恢复使用宝丽来一次成像相机，现在他使用了一个新的模版。他又拍了UFO的一张照片。这次UFO盘旋在两棵松树上方90米处。这次成像的效果好于他曾经用特殊密封式相机所拍摄的远光照片。

第二节　骗局的证明

在3月中旬，瓦特和他的妻子讨论是否应该将"UFO逡巡"的事件告知报社编辑库特和记者戴瑞·豪尔森。他们驱车来到一个地方，这里有同样关注UFO事件的人们。在两小时之后其他人被暂时劝离。几分钟之内，瓦特听到预示UFO出现的轰鸣声。瓦特用他自己制造的自定位立体摄影装置拍摄了一张照片。当UFO消失时，其他人返回，据他们讲，他们被警告当心光的闪烁。他们中没有人看到瓦特所拍摄的物体。

布莱德·鲍里特，一位UFO事件关注者的妻子，较晚到达此地点，她说当她驱车赶往此地点与他们会面时，她看到了一不明飞行物。调查波斯湾布利兹事件的一位军事物理学家，从图片中得出结论，当瓦特拍摄这些图片时，他是在海岸线之上面朝西南观看的。那就是鲍里特曾经看到UFO的大致方向。马克比认为瓦特拍下了鲍里特所看到的物体的照片是完全合情合理的，这就意味着至少关于瓦特的UFO事件有了一个独立的证实。

在 5 月初，当瓦特带着自定位立体摄影照相机又一次来到公园，他听到了微弱的轰鸣声。这次他喊道："我在这，我希望你们远离我的生活！"当他又一次想拍照时，闪现了一道令人头晕目眩的光芒，于是瓦特失去所有的感觉，除了感到他自己摔倒在地上。大约 1 小时之后，在水池边上，他又恢复了知觉。这就是瓦特所言的最后一次与 UFO 相遇。

杰瑞·克拉克在他的《UFO 大全》中写道："瓦特所看到的并不是发生在很隐秘的地方。在 1987 年 11 月和 1988 年 5 月之间的六个月时间内，在波斯湾附近地区有近 100 人次报道过 UFO 事件。例如，在 11 月 11 日，除了瓦特外还有 7 例相关报道。目击者之一，詹弗·汤姆森报道说他看到一发出淡蓝色光束的物体。"

骗　局

由于此事件的性质，大量的亲眼目睹的景观，很有潜力的富有真实性的目击者及图片的存在，于是出现了大量的调查报告。研究人员从简·艾林·海奈克 UFO 研究中心，包括罗伯特·狄·邦德几乎从一开始就已经证实此事件是一骗局。邦德认为瓦特没有作出像具有 6 个月自我宣称恐怖经历的类似反应。事实上由研究中心的研究人员声明具有大量图片的目击者所宣称的重复性的巧遇这一唯一性的事件也是所谓的骗局或者很大程度上应该被怀疑为是骗局。

在另一方面，UFO 互联网的调查人员，包括戴恩·沃尔和查里斯·凡尼根，都证实说这是目前所报道的最好的事件之一。UFO 研究基金会的布鲁斯·马克比也证实说，在他对于照片进行专业性检查的基础上，瓦特讲述了事实，并且照片显示了来自另一世界的真实的飞行器。

杰瑞·克拉克在他的《UFO 大全》中，反对瓦特的记述，他写道："首先，瓦特事件的动机充其量是模棱两可的。他们当然不想追求公开性。实际上，在某种程度上，他们想保守自己的名字以免泄露

出去，尽管报社编辑和数以百计的当地媒体都耻笑他们是谁。"

受到如此多人的拥护，包括艾德·瓦特的支持，显然未受到抨击。从表面判断，尽管它是荒谬的，在发布第一部分照片的那些日子里，瓦特带着他的照片坐在报社的办公室里。在数月之内，每个人都知道他是谁。如果瓦特慎重对待并远离媒体，那么他就不会首先受到媒体的困扰。那些不想公开的人们也不自愿去接触媒体。他们闭口不言，闭门不出。从他的所作所为来看，很显然，无论他讲述了什么，他都想将此事公开。

经济奖励

克拉克继续重复叙述瓦特所持的观点。"而且，不像许多在 UFO 事件上的欺骗者，他们卷入 UFO 骗局似乎不是为了经济目的"。

当然，备受关注的事实是对于此事件有经济奖励。《出版周刊》和公司将付 20 万美元作为关于此事的书籍的进一步出版，并且一出版社又对 45 万美元电视系列短剧权付了额外的 10 万美元。换句话说，这证明了由于景观和照片的缘故，存在很多的资金奖励。第一本书之后，紧接着是第二本书，并提高了资金报偿。

所有这些都是很令人感兴趣的。有评论说经济报酬的出现不是由于此骗局或者对于此骗局的计划，但是却是瓦特没有也未能控制的结果。当事情看起来像一骗局时，也未曾找真正的证据。有些在 UFO 委员会的首席研究员已对此事进行了调查，并得出结论：瓦特讲述的是事实。

但是还有其他的暗示。第一个认为存在比已经发表还多的瓦特事件的人是汤姆·史密斯。大约在 1988 年 1 月 1 日，史密斯告诉他家里的人，他看到了一架 UFO，并且向他们展示了一叠他所谓拍摄的照片。但是大约一天之后，史密斯承认这些照片是艾德·瓦特闹剧的一部分，并且也知道对于那些波斯湾地区的人们，像艾德·翰森也是在愚弄大家。

根据由卡罗尔和瑞克斯·山力史柏瑞的调查，史密斯告诉他的家人说瓦特给了他照片。并且告诉他将照片带到波斯湾布利兹调查组。在那，他将要宣称他已将照片带来。他也说在瓦特的家里，他已经看到过两种不同的 UFO 机型，并且他已看到了瓦特的关于这两种机型的照片。根据由山力史柏瑞准备的报告，史密斯说瓦特的妻子、儿子和另一位 10 多岁的叫翰克·布兰德的人都卷入了骗局。

史密斯告诉家人，他不知道该做什么，但是他父亲，汤姆·史密斯先生，询问他的法律合作伙伴，然后又询问了波斯湾地区治安署长杰瑞·布朗先生，他儿子该怎么做。他们相信既然在波斯湾地区的许多人已经知道这些照片是实际玩笑的一部分，并且将很快失去对于此事件的兴趣。

当然，这些还未发生，关于照片的兴趣将继续升温，以使得全国电视观众有机会了解 UFO。在 1988 年 6 月 19 日，波斯湾布利兹市长艾德·葛瑞召开了一次记者招待会。汤姆·史密斯论述已经被证词所证实，独立的调查将按原则进行。

诚实的证明

史密斯为了证实他的诚实进行了大量的试验。根据山力史柏瑞，一份已做调查的记录，恰恰是很多专家的观点，也就是记录能够在声音压力分析中使用。在一份日期为 1990 年 10 月 10 日的报告中，戴尔·凯利在一份波斯湾地区治安署长签署的声明中写道："在波斯湾警署署长杰瑞·布朗的要求和命令下，我分析了一个人的卷宗，此人对我来讲仅知其名为查里斯。主要的事情是携带 UFO 的照片和是否这些照片是假的。基于检查结果，调查人员的观点是查里斯在讲述他是怎样被告之这些相片为什么是虚假的时所言都是事实。对于查里斯的问题，我的观点是他在讲述事实。"

在日期为 1990 年 10 月 18 日的第二份报告中，艾德·豪弗德，在波斯湾警署署长签署的一份声明，写道："我为波斯湾警署署长做了

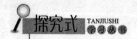
一次测试，以决定由一位男士所证明为查里斯的声明的真实性。声明是在得到"查里斯"的许可，由署长杰瑞·布朗和波斯湾布利兹市长艾德·葛瑞所记录。

"以我的专业观点，向此人所询问的所有问题的答案是真实的。我使用马克Ⅱ声音压力分析系统得出此结论。"

"我在犯罪学上有一定的资深，20年的刑警经历和13年的关于马克Ⅱ声音压力分析经历"。

"此测试由波斯湾警署署长权力机构进行分析"。

第三节　UFO事件的导演

卡罗和瑞克斯·山力史柏瑞继续进行他们的调查，试图了解更多的关于照片和有关此事的情况。史密斯告诉他们瓦特已向他和其他人夸下海口他是如何使用热气球在科斯特瑞克地区虚造UFO事件，根据报道，史密斯说："瓦特也表示非常满意，关于他如何愚弄MUFON调查人员和戴恩·库克，当瓦特向汤姆和其他人展示库克先生在1988年1月4日拍摄的录影带时瓦特大笑着叫嚷他是如何愚弄库克的。"

当然，当史密斯的支持者在本萨克拉《新闻周刊》上被登出来之后，有来自UFO委员会的反映。特别是那些认为照片是真实的和艾德·瓦特是诚实的。到此时，UFO的模型已被发现，并且对大多数人来讲，证明此事件为一骗局实际上就是确凿的证据。

UFO机型

根据由山力史柏瑞准备的大量的证据，在他们进行高强度和长耗时的调查之后，一位本萨克拉报社的下属作者克瑞格·莫瑞斯，告之此机型是如何被发现的。瓦特已经卖掉了他曾经重复发现 UFO 的房子。莫瑞斯根据报道中的声明，继续去调查 1990 年 1 月 4 日房子的新主人。

莫瑞斯写道："由于曼则斯住在瓦特报道曾经巧遇外星人和被拍照的 UFO 的房子里，莫瑞斯对于曼则斯是否曾经看到任何不正常的东西感到好奇。"

"在访问过程中，莫瑞斯问是否他们曾经听到或者看到过任何不正常的东西，发现任何暗室形的物体、模型等等。曼则斯一家讲他们已经发现可能是所谓的 UFO 机型，并且他们已经将它卖给《新闻周刊》。在接下去的几天里此机型被用于一系列无休止的拍摄试验中。"

在声明中，莫瑞斯进一步写道，"使用此模型我们能够重现那些非常相似于艾德·瓦特在他的书中所印的照片。瓦特和他的支持者已经声明照片是不相同的，因为 UFO 照片大多是有两扇窗。然而通过将他们画在机型的较低位置就可以很容易重现第二列窗。"

重要的一点是，莫瑞斯写道："在 1990 年 6 月 9 日星期六，《新闻周刊》主管编辑肯·弗特恩柏瑞在弗特恩柏瑞的办公室访问了瓦特。编辑朱迪·伊斯特和奈森·汤姆尼兹目击了此次采访，瓦特否认 UFO 机型，也拒绝参与测谎测试或者由个人专家组织的声音压力分析。然而，瓦特也签了保证声明，否认任何的机型。瓦特说此机型显然已经被戳穿秘密者'根深蒂固'于他的前度住所，并且很清楚的是政府可能已经介入了此测谎计划。"

说谎者

所有这一切看起来似乎都已破坏了照片事件的可信度。但是瓦特事件的支持者不会就此罢休的。他们发布自己的消息证明此事件是真实的，并且说证据已经被发现，由山力史柏瑞搜集的证词是破坏相反观点的聪明手段的所有部分。

根据山力史柏瑞所言："汤姆·史密斯的言论印发在本萨克拉

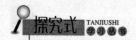

《新闻周刊》和《波斯湾布利兹传闻调查》中，在瓦特支持者中，开始的破坏活动所引起的混乱接踵而来。MUFON 的国际主管官员瓦特·安德斯和其他的 MUFON 官员立刻认定汤姆·史密斯是说谎者。"

实际上，在一篇由克瑞格·莫瑞斯写的文章中和本萨克拉报纸上刊登的文章中，安德斯的观点被报道了。"但是安德斯也说机型是在瓦特先前的房子发现的，与照片事件毫不相关。他说瓦特和史密斯一起说谎，当史密斯伪造 UFO 时安德斯说他也相信瓦特的故事，汤姆·史密斯是在保护他父母的宗教信仰，不允许针对 UFO 事件。"

为了解这里究竟发生了什么事情，让我们从安德斯给莫瑞斯的声明的两个方面来研究一下。首先，观点是汤姆·史密斯就有关照片的来源将会对警方官员撒谎，因为从表面看他父母的宗教信仰是荒谬的。然而，当他们从各种角度作申诉时，山力史柏瑞已经对此事很明了了，并且知道史密斯是美国波斯湾布利兹新教圣公会教会的成员，他不会支持任何尖刻的关于 UFO 事件的观点。

其次，观点是为了破坏瓦特的声誉和 UFO 事件评论家、测谎者，或者是政府代表在瓦特的房子策划机型。根据由卡罗尔和山力史柏瑞准备的报告，艾德·瓦特已经说过机型从平视角度不会被发现，他们应该登上顶楼。她写道："为了得到第一手的证词和看到我们自己的机型，它对瑞克斯和我来讲是重要的。"

如果瓦特是正确的，并且机型是平视发现的，那么它的发现无疑是一记"炸弹"。如果有人已经陷入为了伪造照片而去制造机型的麻烦，当然，他应该很聪明地去破坏它或者是隐藏它，以便它不会被轻易地发现。

没有找到图纸

1990 年 9 月 9 日，萨若·李·曼则尔写道："我们迁到了 1989 年11 月的房子里，并且买了一个新的冰箱，与已经被先前主人带走的本来属于此房子的冰箱一模一样。先前的冰箱有一个制冷装置，并有一从墙壁和水源伸出的一根铜管道。此管道控制水的流动。我们的新冰箱有制冷装置，但是由于有其他的事情要做，我们在 6 月 6 日（1990）关闭了制冷装置。为了安装制冷装置，我们不得不关闭水源，以便于管道能够被切断，并连接一段新的足够长的管道接触新的冰箱。因为对此地区的实际结构不太熟悉，我们不知道切断此房间的是在前院地下……对于切断水源在何处，其他的想法已经让我们精疲力竭，我丈夫进入顶楼的狭窄空间，通过车库，并沿着栅栏到了厨房，沿着管道查找它转到厨房墙壁的那一点。为了到达管道处，他穿上了宽松的绝缘服。这样做，却未能发现 UFO 机型图纸。他将放弃机型，并认为它毫无价值。然后他打电话给艾德·瓦特并问水源关断点在何处。"

所以，已经被某些人报道在车库里发现的机型，并被其他人声明已经平视发现的机型既未能在车库发现也未能平视发现。曼则尔没有找到水源的阀，他也从未发现机型。如果测谎者、评论家或者政府代表设计了此机型，他们将它隐藏得是如此严密，使得它被发现的可能性非常低。事实上，我从未爬到我所居住的房子的任何的顶楼上。也没有理由如此去做。

看起来似乎汤姆·史密斯的证词、机型的发现和误导性声明制造了此事件，得出的唯一结论是波斯湾布利兹照片和相应的故事不仅仅是一个骗局。但是支持者对于此事件有他们自己的观点。他们坚持认为存在一个阴谋试图破坏此事件。充分的调查、其他目击者的证实和这些看似骗局的隐蔽背景将为这些拥护者证明根本不存在骗局。

卡罗尔·山力史柏瑞开始调查这些认为艾德·瓦特是实际的取笑者和伪造"魔幻"照片，以用恐怖故事恐吓 10 多岁孩子为乐趣的人们，以及有望编造 UFO 故事的人们。

莫 克

　　证实汤姆·史密斯故事的 10 多岁孩子之一是尼克·莫克。莫克也已经作了大量的证词抨击艾德·瓦特。莫克说瓦特是一个众所周知的实际的取笑者，理由是在调查中表面看来是所谓的"邪恶的"或者"恐怖的"照片，和已经双面曝光的用瓦特的波拉罗伊德照相机拍摄的照片以及瓦特在 1987 年的夏天已经告诉他的高中朋友他将揭穿"最初的恶作剧"。询问将在何时，据莫克讲，瓦特说他们将知道他什么时候去做。

　　如果这些证词是真实的，他们当然破坏了瓦特事件。调查莫克的卡罗尔·山力史柏瑞写道："我最初的印象是尼克·莫克是一位青少年，由于信件上的记录（瓦特·安德斯写给威利·史密斯的，与汤姆·史密斯无关），我曾经在戴恩·威尔的文件中看到过。瓦特问威利他是否想看莫克的犯罪记录。我也读了一篇在《MUFON 期刊》1989 年 4 月的 252 文件（15～16 页），是由布朗斯·马克比写的，他陈述说一位 10 多岁的少年尼克·莫克，'在 1987 年他开始写恶意的有损人格的信件给艾德的儿子……将糖放在汽油桶里，并且刮伤他儿子的汽车……'所以，我在问题列表里又附加了另外一个问题，那就是'尼克·莫克'究竟是什么样的一个人？"

　　通过她的报告，山力史柏瑞了解到，"在瓦特调查事件的一开始，他（莫克）是不公平地进行诽谤。我们已经发现他不是唯一被控诉破坏丹尼汽车的人。一位女孩证实她曾经与他在一起待过一段特殊的时间，他未曾那样做过。他没有犯罪记录，并没有证据证明他在调查过程中做过任何事情：破坏丹尼的车，写恶意信件，使用毒品，成为坏典型。回顾一下，对他个性的个人攻击与他所讲述的 1988 年的调查事件是不相宜的。他有七八个其他孩子的名单，能够告诉有关瓦特的详细事情。先于我们的调查，它最初在鲍伯·鲍伊狄的调查中记载。"

瓦特的党羽

关于在瓦特家中所召开的会议，有很多的评论，卷入了很多超过 10 岁的孩子，而丹尼·瓦特是在高中。显然在那段时间，瓦特聚集了很多的拥护者，尽其所能聚集他的高中党羽，所以，瓦特召集高中党羽是毫无困难的。他们看起来像一家人，非常支持他们孩子的活动。

然而，在那些党羽中，所玩弄的恶作剧，所拍摄的照片恰恰说明了艾德·瓦特的想法。又一次，根据山力史柏瑞所进行的调查，"他们说汤姆（史密斯）知晓瓦特的诡计，并且瓦特的诡计在诡秘地进行……在此诡秘绝妙进行的一瞬间，当事情刚开始时，一位女孩的名字也神秘地出现在一版面上。根据几名证人所言，此女孩因此事受到了极度的惊吓，她哭着从房间跑了出去。"

山力史柏瑞，试图进一步证实和了解这些被调查的党羽，根据她的报告，"我问了一位女士，是否她曾经去参加瓦特家的会议。她的回答令我很吃惊。'没有党羽，仅是神会！我是基督教徒，我受到这些发生的事情的困扰，我从未想过要逃避。'她解释在地板上有一个五角形或者是星形，艾德的三个女孩坐在其他客人围成的圈子的中央。然后他迟疑地读《圣经》的第 23 篇，让孩子跟在他后面背诵。（召唤一次成像照片上的三个人的灵魂，其中之一作为选择对象，被选上的就是与她一起的灵魂）此女孩的哥哥，也在此党内，我访问的其他人可以证明这一点……这些孩子，现在都从高中毕业了，他们说他们不明白为什么瓦特制作这些照片或者其他的阴谋。那些被访问者认为艾德非常聪明，他看起来知道很多的诡计和游戏……几名认识丹尼的证人说丹尼从不讲在他家出现的许多 UFO 的事情，因为这是很不正常的……"

让我们回过头再仔细侃侃所发生的这一切。汤姆·史密斯说瓦特曾经问过他，他要将照片带到报社。他说他在瓦特的家里看到过两个机型，并且他已经卷入了瓦特的实际玩笑之中。

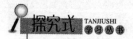

尼克·莫克是另一个讲过同样事情的 10 岁少年。他也曾经谈论虚假的怪物的照片和瓦特编造的实际玩笑。

并且我们有很多其他 10 岁少年的证词，当有些玩笑在上演时，他们都在现场，或者他们看到一次成像照片被欺骗的结果。有些已经被瓦特的神会所困扰，其他人也参加了他的实际的玩笑之中。换句话说，存在大量的证词证明此事实，那就是瓦特在制造实际的玩笑。

但是让我们仔细看看它的这一方面。有一个很有利的证据，很多人都知道在这场玩笑中，瓦特使用了一次成像相机。他制造出怪物的照片愚弄了党羽里的十多岁少年。一次成像相机被用来作证据，神会所进行的就是怪物在屋子里。这就是所有双向披露的结果。

有更多的方面需要去检查。在最初的 MUFON 调查中，有人给戴恩·威尔一份参加此党羽的十多岁少年的名单。根据卡罗尔·山力史柏瑞所述，威尔说他已经获得了十多岁少年参加此党羽的目的，并了解了在他们身上所发生的事情。由莫克提供的名单上名字没有被

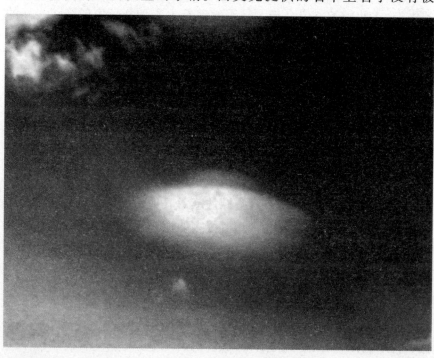

MUFON调查组采访过。威尔告诉山力史柏瑞这些孩子已经被本萨克拉报社的记者采访过，但是没有关于采访的记录。

卡罗尔继续说："基于严密的调查基础上，看来瓦特有很多的党羽和小群体集中在他的家里。这些都是十多岁的少年，并不总是参加这些会议。所有的党羽没有卷入滑稽的神会中或者令人毛骨悚然的诡计中，但是在1986年至1987年有几个党羽，这些事情的确发生过，并且也有照片被拍摄过。大多数被采访的十多岁少年和他们的父母声明当UFO的照片第一次在报纸上被刊登出来时，他们认为那仅仅是瓦特的玩笑。"

第四节　测谎实验

所有这些都表明了关于瓦特事件存在很大的问题。但是从另一个角度来讲，很多艾德·瓦特参加的测谎试验表明瓦特所言都是事实。实际上，在1991年8月的第280期的《MUFON UFO》期刊，艾德·瓦特写道："我已经参加并通过了4次由三位不同的测试者进行的测谎测试，他们都签署了他们的报告。"

瓦特进一步写道："山力史柏瑞所犯错误是他引证了由PSE（谎言测试试验）发起的MUFON调查的一部分。完整的结论是'从出发点来讲，访问的其余部分应该是能够证明瓦特在讲述关于他看到的和他所做的一切都是事实'，而不是表明任何引起测试者怀疑他的答案的反应。"

瓦特在后来的信中也写道："在1990年4月，瑞克斯·山力史柏瑞告诉其他的MUFON调查人员他曾经看到'波斯湾布利兹类型'的UFO。那使得他成了我所拍摄的UFO的一位证人。或者他对于他所看到的UFO很困惑，或者他对于现在此事为一骗局很困惑。"

这些就像其他许多的 UFO 事件所表明的，我们未能了解事实真相。问题到了你该信任谁的地步。汤姆·史密斯、尼克·莫克和十多岁的少年，或者参加过四次谎言测试的艾德·瓦特，并且有一位 MUFON 调查组的调查人员声明他看到过瓦特所拍摄的 UFO。

幸运的是，这里有其他的信息将使得我们能够澄清这些。首先，测谎试验似乎表明实际上瓦特携带了真正 UFO 的照片，尽管很显然他有一个实际玩笑制造者的声誉。

我们所了解的就是查里斯·凡尼根，此事件的最初调查人员之一，安排了一个由何夫·约翰主持的测谎测试。然而，瓦特未能赴约。在 1990 年 9 月询问他为什么时，他说他只是忘记了。

两次测试

瓦特只为自己安排了两个测谎测试。显然瓦特查了电话簿，查找了测谎者的名字，然后打电话让两个人安排测试。这两个测试者被安排和通知在 1988 年 2 月 18 日和 23 日进行测试。瓦特为解释这两个测试，写道："我希望我能够接受测试结果。后来我发现马克劳林（测试者）想商讨我的一些信息，并且也想问 MUFON 调查者他们想问什么特殊的问题。"

根据由卡罗尔·山力史柏瑞所写的冗长的报告，"在先前测试的讨论期间，测试者声明：瓦特宣称不要任何的个人所得或者从这些安排中所得的酬劳。然而，查里斯·凡尼根和戴恩德·威尔都承认他们劝说瓦特保存好他的记录。以至于早在 1987 年 11 月，他就可以写一本书。除此之外，在 1988 年 1 月，布德·豪德肯斯写道：'在整理了这些沉闷事实和戴恩告诉我的，基于两个理由他已经两次打电话给我，让我整理的波斯湾布利兹年表。首先，他想知道我是否与艾德·瓦特交谈过，主要的证人和关于不得不处理出版权问题希望我能够给他一点建议。'综上所述，看来早在 1988 年瓦特考虑写书作为自己的商业投机活动，尽管他将所想的告诉了测谎人员。"

杰瑞·布莱克告诉山力史柏瑞，马克劳林报告副本将对此事不感兴趣的第三者评估。他们给予了所有的信息，不得不交给佛罗里达州测谎委员会主席彼里·简·瑞克，写道："如果测谎未能得到完整的数据，对整个事件不能作出不公平的分析。"

他同时指出马克劳林从不是佛罗里达州测谎委员会的成员，也没有一个专业的测谎委员会坚持实际的标准、原则和真正进行测谎测试。

但是更重要的是，瑞克重复一份很仔细的记录，是在瓦特第一次安排的测试失约之后，由何夫·约翰提出的。瑞克说自己组织的测试是没有说服性的。约翰也说："一个人可以想象到测试的困境，因为他不得不告诉当事人，'但是先生，你的测试表明你在说谎，这将罚款200美元。'"

然后，把马克劳林写的报告也联系到这一点，在报告中他写道："那时依据对此测试有效的信息，应该感觉到瓦特先生完全相信他已经描述的照片和个人的场所都是真实和符合事实的。"并且一个好的事例是没有任何测试是有效的。

瑞克在他写给山力史柏瑞的信中说："基于某种观点的照片表明在他的观点基础上，在他的感觉下，陈述'被感觉到'被测试者真实地回答了问题。此领域的专家在认真分析了被测试者在测试中记录的关于测谎的身体反应，是以他们的结论和观点为基础的。"

换句话说，测试是无效的。瓦特充其量是被错误地通知了测试的有效性。从坏处想，为了提高自己日渐低落的名誉，他错误地描述了情况。

第四次测谎

但是这并不意味着谎言测试的结束。在1988年罗伯特·奥斯特乐，自称为UFO专家，提供了两盘录像带访问录像给在美国马里兰州，格林·伯尼尔的戴克特，反间谍和安全组织进行声音压力测试。

这两盒录像带很显然是基于瓦特的四次测谎试验声明的其他部分。当然，由马克劳林管理的这两盒录像带和两次声音压力测试是与谎言测试完全不一样的。

在由米查尔·比·克瑞兹签名的报告中写道："访问调查的工作已经完成了，并且已经被讨论过的录像带中的资料，未能给测试者一份能够说明是否这些人完全地对访问者讲述了事实所必需的口头资料。"

所以，实际上瓦特没有四次通过的谎言测试，只有两次自己组织的测谎，并包括两次声音压力测试。当瓦特写道："我已经参加并通过了由三位不同人士组织的四次测谎试验，他们都在他们的报告上签上了他们的名字。"他没有严格精确地讲述事实。应该指出的是，有争议的人有权力进行自我宣传，但是他在那封已经被发表的书信中的有些话是完全误导的。

请记住，瓦特写了有关由戴克特主持的声音压力测试，"访问调查的其他部分，从它的出发点的价值来看，能够说关于他所说的和他所做的，他都讲述了事实，没有表现出任何能够引起测试者怀疑的反应。"

但是就像在此事件中的其他说法一样，这不是最后的说辞。在瓦特作出书面回答之后，一段时间内瓦特终止了声明。应该有一段偃旗息鼓的时间，但却继续，"访问调查未能涉及任何特殊的方面，所以需要一个更加完整的结论，并且似乎艾德很乐意接受主要关于照片的讨论。"

所以，当瓦特试图将他的所见和照片变得更加有效时，仅仅列举了能够支持它的部分，带了他想要的信件的那部分，遗漏了其他部分。它不像电影的宣传广告，列举了一位评论家所说此电影是'惊人的'，但是忽略了披露此评论家曾经说过的，"一个惊人的令人讨厌的电影。"

在同样的一封信中，记有瓦特所写的瑞克斯·山力史柏瑞曾经看到同样的瓦特拍摄的 UFO 录像带。瓦特写道："这让他成为我所拍摄的 UFO 照片的证人。"如果都是真的，这是一份让人震惊的声明。

语言逻辑

然而，在日期为 1991 年 8 月 6 日的一封信中，瑞克斯·山力史柏瑞阐述了这一点。他写道："我从未见过，也从未声明我曾经见过一个与瓦特书中的任何照片所反映的相像的未被证明的飞行物。我曾经见到在瓦特先前寓所的顶楼被发现的 UFO 的机型，并且它的确像书中照片所反映的。"

如果确实如此，那么困惑就产生了，因为山力史柏瑞已经告诉媒体"当前的事件"，是他看到了一道暗红色光芒，当参加本萨布拉 MUFON 会议时，并且红色光芒的确很像已经被断言的。

事实上，在 1990 年早期，在波斯湾布利兹地区有很多关于 UFO 的红色光芒景观。数以百计的人们看到它，数十架相机拍摄过它，并且甚至有几盘录像带。相信瓦特所说的它证明了它的所见是真实的。逻辑似乎表明了数以百计的人们并没有制造骗局。

问题是红色 UFO 不是瓦特曾经拍摄的同样的物体。有人认为，包括山力史柏瑞，相信红色 UFO 不仅仅是空中气球发射的紧急火焰。在一个录像带中，似乎可以看到有一个燃烧的火焰点正在逐渐消失。拥护者认为这是一个负责侦察的子飞船正在离开母机。

布鲁斯·马克比在美国新墨西哥州阿尔布开克（美国新墨西哥州中部一城市）市召开的 MUFON 论坛上由瓦特·安德斯宣读的声明中说它发现了这样一个征兆，那就是紧急火焰与实际情况是一致的。不仅仅发射这样的装置是不合法的，如果燃烧物落到房子上，可能引起火灾。当然，这是最后一次有人开一个实际的受到法律和他们行为结果困扰的玩笑?

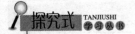
第五节　照片辨疑

　　所有的证据似乎都对瓦特不利。他独自一人坚决反对，很多证人认为他喜欢开玩笑，他能够伪造照片，并且他试图将别人卷入玩笑之中。他的谎言测试和声音压力测试是无意义的，他希望公众能够关注他的焦虑。所有这些都表明此故事是一个骗局，但是顽固不化的拥护者总是说没有真实的证据证明这些照片是伪造的。

第 19 张照片

　　来自照片检查的最后测试，瓦特声称进行了超过几个月的一段时期。有人表示如果一个人在制造骗局，那么可以声明所有的都是骗局。我个人认为这是一个真实的故事。毕竟，如果一个人在不同时候拍摄了一个真实物体的照片，他有什么目的去伪造一个？这 20 张照片，他仅仅有 19 张，除了接触者之外，他都放弃将他们放在每个人的面前。

　　艾德·瓦特的照片之一已经被证实是伪造的。瓦特声称是在他的汽车上拍摄的第 19 张照片，清晰地显现了汽车的车篷和公路的一部分以及 UFO。它是假的？照片本身显现了灰暗的天空，树木轮廓和一些其他的细节，在薄暮微光中显现。几位对照片不感兴趣的分析家已经用此照片证明了这一点。

　　我们应该进一步认真地对瓦特拍摄的 UFO 的照片进行分析。他们中一部分在客观地分析下，为我们提供了一些线索，但是来自不同渠道的所有分析都导致了不精确的结论。拥护者将继续相信他们一直坚信的观点，持怀疑态度者没有发现这些照片是真实的具有说服性的证据。此事件的真伪就在于第19张照片上。

在对照片进行调查的初始阶段，鲍伯·鲍伊德试图警告MUFON的调查人员，艾德·瓦特的照片总体上有些问题，尤其是第19张。在1988年3月7日，他写道："照片上的证据揭示了某种引起疑虑的不一致。一个例子就是国家高速公路191B在公路上空几米的物体的照片（这是第19张照片，当物体盘旋在高速公路上空时拍摄的）。物体滑翔时的反射与类似反射的正常物理特性不一致。"

尽管这是严重的不足之处，布鲁斯·马克比根据山力史柏瑞的研究，进行了一次调查，使用一个闪光灯，马克比写道："通过在公路上空的不同高度举起闪光灯，并且在大约60米远未能检测到任何车篷的投影（汽车）显现，直到灯光在路面上空2米或者更高一些。这是因为在汽车前面由于1986年一次碰撞而变弯曲……"之后，马克比校正了他的测量，表明它应该设置在1.8米高。

然而，重要的是，瑞·山弗德说他已经检查了曾经在瓦特的书中发表强调细节和轻微吹嘘的第19张照片。他注意到他能够看到在车篷上树行的投影，并且相信来自UFO照射的投影也应该能反射到。特别应该记起的在UFO的底下有一发光的光环，在中央的舷窗光和在顶部的某些光。尽管光环太低不能反射到车篷上，尽管对此仍有争论，但是其他的光应该被反射到，却没有。

多重曝光

应该提出的建议是进行另一项分析。各种不同的独立分析中最好的是由威廉姆·杰·海则尔在他的儿子詹姆·比·海则尔的帮助下完成的。他们关于第19张照片的调查揭示了"根本没有UFO出现，照片是多重曝光技术的产物。"

海则尔在他的报告中说："与类似UFO物体相关的有三个发光源：（1）新月形状的发光圆顶和在物体顶部的圆顶光；（2）来自物体底部的动力光；（3）路面反射的光。他的关于照片的光的测定分析

显示所有这三个光源都比树行上面的阴暗天空明亮得多，而且亮度足以引起在车篷上的反射。"

忽略不重要的细节，将所有相关的联系起来，必须指出的是在路面上进行了大量的试验。山力史柏瑞使用不同的光源、不同的距离和一辆与瓦特所拥有的类似的汽车，在公路上数米远，距路面数米高的地域建立了一个"壳层"反射汽车的右面或者左面。根据所有的有用信息，UFO和它上面的光全部反射在壳层内。换句话说，如果地点、当天的时间和证据对于第19张照片有效的话，应该有一束光反射在车篷上，如果UFO真的盘旋在公路上空。没有一个结论性的证据证明第19张照片是双重曝光，并且此是一个骗局。

海则尔在他的报告中写道："这是作者专业性的观点，此次研究的结果是富有结论性的：如果在第19张照片上的类似UFO的物体是真实的，发光源就与物体顶部光和顶部有关。在车篷上就是可见的，但是它们没有。"

如果这些不足以让UFO的拥护者信服他们已经受到瓦特的困扰，格夫·布瑞兹事件是一个骗局，许多人的所见都是瓦特的火焰和气球事件的附属物。让我们再看一些数据。假想他第一次看到UFO就拍摄了照片，瓦特在最初的声明可以证实。

在1987年11月16日，艾德·瓦特，声称要与媒体接触，提供《波斯湾布拉兹调查》关于所见和照片的声明。现在，由他已经向别人作出行动想保护自己的个性所表明的一切，我对瓦特没有任何疑问。但是对于别人开始声称的瓦特的最初声明是他的欺骗行为的一部分，并不能被认为是重要的，我还有一些问题。

第一份声明，由艾克斯先生所写，说："我不愿意先展示他们（照片），但是我的妻子劝说我展示他们……我刚刚坐下想吃晚饭……在它出现和消失之前……然而相当一段距离，在上边的、下边的窗都是成一直线的并且间距相等……没有光束从里面射出，没有外星人成员，它仅仅是灰蓝色的东西。"

正如我们已经了解的，这些事情与瓦特后来告诉的故事并不一致，最初也没有任何理由关于此事撒谎，因为他们与证明他是照相师毫不相关。这些仅仅是故事的细节。应该注意到的是，瓦特说他自己单独在办公室，而不是他刚刚坐下想吃晚饭的时间。物体是很近，而不是很远。但是在这重要的一点是没有光束从里面发射出来的声明。

史柏瑞的报告

根据由山力史柏瑞准备的报告，关于没有光束的评论是重要的，因为，"值得一提的是艾德根本否认物体有光束。然而，当他了解到有关詹米特女士的所见（同时由另一位证人所见的 UFO 事件）。和她所描述的蓝色光束，此特征迅速地被加入了他的叙述和照片中。已经被评论过艾德没有途径知晓詹米特女士的所见，当《调查》的发表版本没有提到蓝色光束。这是真的，但是在 1987 年 12 月 14 日，由戴恩·威尔准备的报告中有关所列出的艾德所见物体的特征也是真的。但是没有蓝色光束，蓝色或者其他的颜色也没有陈述过。然而，在同样的报告中，詹米特女士的蓝色光束却提到了。报告也是由戴恩·库克先生签名的，所以毫无疑问，他拿到的是副本；既然艾德在这些天里是《调查》的每日光顾者，很显然他知道如何知晓有关蓝色光束的事情。"

报告继续写道："令人感兴趣的错误就在这出现。正如罗伯特·鲍德指出的，蓝色光束在官方文件上没有出现，直到日期为 1988 年 1 月 25 日的第二份 MUFON 报告，而不是直到 1988 年 2 月 25 日在《调查》上，当瓦特说没有报道的是 UFO 射出一束蓝色光芒，使得他呆住，并将他从地上提起。但是在艾德照片中，蓝色光束是在第 11 张照片中首次亮相，可以断言的是在 12 月 2 日被拍摄的！那么就有两种选择：①当艾德在 12 月 7 日完成他的第一份 MUFON 报告时他在说谎；②或者当艾德将第 11 张照片签为 12 月 2 日拍摄的时，他在说谎。无论是哪一种方式，更多的不真实性已经被证明。"

在各种调查中我所了解到的是，当一位证人开始改变他的故事，

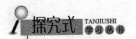

这就是一个很好的说明，此故事是一个骗局。当证人开始将新的情节添加到故事里，试图提供其他的证词，例如在别人报告类似事件后提到蓝色光束，所以有非常好的时机认为此事件是一个骗局。这应该是在冗长的证词中最后的一条，表明由艾德·瓦特拍摄的照片和讲述的故事不仅仅是一个骗局。

在某一点上，有必要再次列举反对艾德·瓦特和此事件的证据吗？一两个证词能足以向我们大家表明此事件是一个骗局吗？是不是有必要在我们能够证实事实之前，许多不同的问题都要发现？

在这里引起我们注意的是在 1990 年是如何进入 UFO 调查的。我们如何进行细致、正确的调查，正如在得到杰瑞·布莱克的大力帮助下，通过卡罗尔和瑞克斯·山力史柏瑞所完成相当工作列出的梗概。他们与数十位可能性的证人交谈，他们检查了有关的信息，并且他们使用所有可以利用的工具以获取事实。

其他人试图查询原因，而不是仅仅看到事实，不是去相信它。这也表明了 1990 年 UFO 调查的一个方面。当消息有悖于你，抨击的是提供消息的人。汤姆·史密斯是一位说谎者，尽管没有证据可以提供尼克·莫克是一位说谎者，也是触犯法律者。尽管记录表明了其他的情况。第 19 张照片是虚假的，但是并不意味着所有其他照片都是虚假的。艾德·瓦特可能是一位实际的玩笑制造者，但是那并不意味着他知道如何使用他的照相机进行两次曝光。他的确用照相机进行了两次曝光伪造了"怪物"照片，去愚弄和恐吓 10 多岁的少年，但并不意味着他伪造了 UFO 照片。

在上述证据的基础上，我们可以继续抨击波斯湾布拉兹见闻和照片。很显然在这里发生了什么事情。艾德·瓦特上演了一个某种程度上已经被承认的实际玩笑，发现他自己是被关注的焦点，并且他喜欢如此。事实是对他来讲并不存在什么见闻。他尽其所能最快地抓住了公众的注意力，并且已经做了可能的一切去坚持。但是他的故事，从一开始，就是一个骗局。

知识链接一

　　不明飞行物现象是绝对存在的，我们所不知道的是他的本质，因此进行科学方面的研究是必要的。无疑，这项研究会给人类文明和科学技术的发展带来前所未有的进步。

——（美）艾伦·海尼克

知识链接二

进入教科书的 UFO

　　1966年由美国空军教官执笔出版的一本教科书——《太空科学第二册》列入了UFO内容，其内容要点是：①不明飞行物——UFO是由天外人驾驶或遥控的来自其他星球的物体；②它们是蛋形的飞行器具；③其机员身高约1.5米，头大，手臂过膝；④不明飞行物体在过去5000年不断骚扰地球；⑤美国空军战斗机曾追击不明飞行物。战例说明："在1950年，某战斗机基地附近的一个雷达站曾侦测到一具正以时速700千米飞行的飞碟，美国空军2架F86战斗机起飞拦截，在距离1000米时，一飞行员向飞碟开火，但未能成功，该飞碟很快就飞走了。"

第二章 鲁丽：外星人的实验品

第一节   海上 UFO

鲁丽·奥斯瓦尔德太太住在巴西。她接受过良好的教育，能讲流利的葡萄牙语、英语、法语和意大利语。她本人在美国几所大学兼任高级讲师，专门讲授乐理，退休前几乎周游了世界。

1979 年 10 月 15 日，她接待儿子的一位朋友来访，这位朋友名叫亚当斯，21 岁，里约热内卢大学的学生。这位学生要到萨夸勒马市去，鲁丽正好要给住在该市的女儿送东西，便决定跟亚当斯同行，于是上了他的菲亚特 147 汽车。车子离开了首都，在 21 时上了滨海公路。天下着大雨，乌云翻滚，相当黑暗。

为打破沉默，鲁丽随便问道：

"你想看到飞碟吗？你会不会害怕？"

驾驶汽车的亚当斯回答说：

"不怕，我很愿意看一看飞碟。"

就在这时候，鲁丽·奥斯瓦尔德惊叫道：

"假如你真想看，那就往那边瞧吧？"

大海上空突然出现三个光点和一个带有穹顶的巨大圆形物体。它们缓缓地移动着，不一会儿就悬停在海面上空，照得海水闪闪发光。亚当斯迅速看了一眼大海，接着又把注意力集中在前方公路上，因为天色墨黑，汽车很难行走。他起初认为那亮光是月亮，竟忘了雨天的乌云挡住月亮的常识。他们在莫里斯山地行驶了一段距离，又插入滨海公路，鲁丽怀疑车已迷路了。

菲亚特汽车的发动机嘎嘎作响，像是出了毛病，大学生下车去检查。车头灯开始一闪一灭，他以为鲁丽在跟他开玩笑，过了片刻，他又发动汽车上了路。鲁丽突然发现海面上那个发光物变得奇亮，大学生没有注意大海方向。

他们于深夜 21 时 50 到达萨夸勒马市，立即将路上见到的发光物告诉了鲁丽的女儿，同时决定返回时不再去滨海公路，宁愿走山道。

在离开萨夸勒马市后，他们果然朝山道开去。可是不知怎么搞的，车子竟转来转去又上了海边的公路。突然，菲亚特像一匹发狂的

野马，忽左忽右地扭了起来。车门咯咯作响，而且出发时灌足了的汽油不久就用光了。车子剧烈地颠簸，他们只好系起安全带，可是谈何容易！安全带在猛烈的跳动，带上的环套像有一股力量吸着，使劲地撞击着车窗玻璃。

鲁丽又看见了3个亮点，他们在大海上方放射着彩色的光，亚当斯突然问道：

"你发现从海面钻出的亮光了吗？"

的确，海面上有一个相当庞大的飞碟，它射着好几道光。大海汹涌，亮光徐徐升起。

菲亚特颠簸着开到了蓬塔纳格拉镇的一座改作他用的厂房旁，这座破烂不堪的房子为何亮如白昼？就在这时，鲁丽和大学生看到了一个巨大的飞行物，它占据了两个小丘间的整个通道。它外形像个橙子，上边有一排窗。蓦地，大海方向射来三束光，正好照在菲亚特上，司机沐浴在亮光中。这位大学生害怕得连连祈求上帝保佑，鲁丽大声骂他，叫他立即开车离开这个地方。可是，他已经动弹不得，接着他们就失去了知觉。

等他们醒来时，依然坐在车里。但车子停在一个农家门前的小道上，离蓬塔纳格拉镇已好几千米。他们立即到了附近的加油站，站内的时针已指向凌晨2时，而不是他们估计的22时30分或23时。加油站的工人告诉他们，晚上无人敢走刚才的那条道，因为那里频繁出现奇怪的发光物。

他们又进了菲亚特，上了阿马拉尔公路。奇怪的是汽车又上下跳了起来，越过尼特罗依镇，一切又恢复正常。回到鲁丽家，他们算了一下。往返120～130千米路用不了2小时，可是他们竟花了5小时。

亚当斯实在害怕，既不敢回家，也不敢一个人睡觉，只好蜷缩在鲁丽的儿子的床上熬到天亮。至于鲁丽，她也十分害怕，回家后竟一连两天没有小便。接着她的耳朵疼痛难忍，胸脯也感到剧痛，眼睛直淌泪水。

第二节 催眠下的劫持

　　事情发生 5 天后，女 UFO 学家伊雷纳·甘希就得到了消息。在她的敦促下，两位当事人同意接受催眠术。在去催眠专家西尔维奥·拉戈的诊所之前，他们跟甘希到出事地走了一遍。在海边他们遇到一位渔夫，名叫阿尔瓦洛，并跟他进行了交谈。阿尔瓦洛常常看到发光体从水中冒出，或钻进海水。

　　在鲁丽他们加油的地方，找到了当天晚上为他们加油的职工。后者立即认出了他们，他说几天后也看到一个巨大的发光"轮胎"，上边有一些耀眼的绿光、红光、蓝光和白光，该发光物在低空朝蓬塔纳格拉飞去。

　　另一位目击者路易·弗朗卡说，他看到的是一个发光的飞行物，透过那上边的舷窗，见到里面有三个"人"站着操纵器械，挥动着手，那是一个寂静无声、辉煌巨大的物体。

　　还有一个名叫纳尔多的人说，一天夜里，他的汽车停在加油站前，有一个巨大的发光圆盘一直跟在他的车后。

　　这些事件都发生在蓬塔纳格拉一带，这似乎可以让人认为，外星人在里约热内卢和尼特罗依以东的海域建立了基地。

　　甘希、鲁丽和亚当斯到了西尔维奥·拉戈的诊所，后者立即对鲁丽施行催眠术，让她的记忆倒退。

　　鲁丽讲述了好些被"遗忘"了的细节。在菲亚特车子里，当她数亮点的时候，她跟某架飞行物中的人发生了心灵感应，并想起了蓬塔纳格拉案前一星期的一次梦境。在梦里她就听到了菲亚特颠簸时发出的那种声音，而身体也曾剧烈地晃动过，同时还见到了奇丑无比的类人生命体。

鲁丽又回忆起菲亚特里发生的事件中：一个黑色的、令人恐惧的UFO尾随在后边。UFO里边有难看的驾驶员，他们很友好，没有恶意，她只瞅见他们的三角形的脸。鲁丽仔细地观察了两丘之间的那个巨大物体，它是透明的。这物体内部是空的，受尾随菲亚特的三个"光点"的遥控。公路一侧还有一个同样黑色的巨大物体，小丘方向有两个"亮点"向菲亚特冲来，车子跳动不停。

"我很恶心。瞧！他们劫持了菲亚特！……我们的汽车被带到上边去了！"

接下来便是医生和鲁丽的对话。

"谁劫持了汽车？"

"那上边的"亮光"……汽车被抓走了……我们在走……一束光逮住了我们……把我们吸走。前面有一个黑色圆盘，我们走了进去，从顶部进去，我们到了黑盘里边……"

"有亮光吗？"

"你知道，里边很像一间手术室。我们已不在车子里了，汽车也在黑盘里，有一些玻璃管……"

"环境如何？舒适吗？"

"他们揪我的头发！里边的人脸孔不和善，好像耗子脸！哎！天哪，多可怕呀！他们的耳朵也像耗子的。高个子，奇丑无比……嘴巴仅是一条缝，真倒人胃口！"

"他们是两足的吗？"

"他们站着。你知道，他们的脚像鸭爪，手臂很细，个子像 13 岁的孩子，长长的鼻子，脖颈也像耗子的，但他们没有尾巴，肤色也是跟耗子一样叫人讨厌的灰褐色。他们好像赤裸着身体，也许穿着发光的缎子一类的衣裳。"

鲁丽躺在一张像是大理石的桌子上，那些面目可憎的人脱光了她的衣服，检查她的身体。

鲁丽还说，她突然看到年轻的亚当斯也赤裸着躺在附近的一张桌子上，直挺挺地像具尸体。耗子一般的人们检查他们时不用任何仪器，只用透明的导管里射出来的光。这光碰到皮肤后会产生轻微的疼痛感，有一束光照进耳朵时，她痛苦难忍。

鲁丽还看到黑色的操纵台，多少有点像波音飞机上的驾驶台，但上边只有电钮，"手术室"里有一种"脏衣服和硫黄"的怪味。

"你是躺着的还是坐着的？"

"现在我已经坐了起来。他们摸我的耳朵和鼻子，先前他们把我头足倒放。他们不用语言交谈，而用眼神交流思想。上边管子里射出探测我身体的光，耗子一样的人不触动管子，他们只要看一眼管子光，光就会垂下，随意地在我身上各个部位移动。"

"你们知道他们是如何记录检查结果的吗？"

"有一个仪表盘记录，跟我们的方式完全不一样。似乎是用光把结果记录在一块铅一样的金属箔上。没有纸和笔，也没有传真机那样的记录系统。"

"亚当斯也接受了器官检查吗?"

"是的'长时间的沉默,然后惊恐于色,这似乎是不可能的事!"

"他们是男还是女?"

"我看到的这些人不是男的,他们没有性器官,可是我又感到他们是男人。"

"他们的目的是什么?"

"为了研究我们。"

"你看到的跟梦境有何区别?"

"这不是梦境,是我实实在在经历的。"

"很真实吗?"

"这是不可能的事,但确实发生了。他们对亚当斯很感兴趣,因为他是个青年。他们想把他留下,他们对我不感兴趣,很快就放了我,我在那里待了两个小时等亚当斯。我们见到的那个庞大的飞行器只是为小飞行物提供能源。他们把收集到的情况,发射到某个基地。"

第三节　飞碟秘密基地

1980 年 6 月 18 日,一位美国 UFO 研究者凯伦在里约热内卢拜访了热情好客的伊雷纳·甘希女士,她是巴西最杰出的 UFO 学家。一进她家,几位同行起立相迎,其中有遭遇过不明飞行物的鲁丽·奥斯瓦尔德太太。甘希女士详细地调查了鲁丽的奇遇,并在《UFO 资料》和《行星》月刊上发表了一系列文章,

凯伦在巴西考察期间,遇到一位经验丰富的"业余"考古学家。他花了许多年的时间走遍了面积几乎跟法国相仿的塞拉多隆卡道尔地区,就在这个莽林地域,他发现了一些奇怪的东西。有一次,他和伙

伴们爬到一个崖壁顶部，看见 600 米深的峡谷中有不少白色人，他们身高都在 2 米以上，穿一件宽大的大衣，每个人都蓄着胡子。不大功夫，这些巨人突然不见了，可是考古学家们立即听到一曲奇怪的歌声。

在后来的 30 多年里，这位考古学家走遍了这个山谷的各个角落，始终没有重见那些彪形大汉。可是，一个庞大的圆盘形物体经常在那里盘旋。

凯伦曾经问过他："我想，你给这个物体拍了好些照片，是吗？"

回答是肯定的。可是，他不敢公开，因为他写的 3 部有关自己见闻的手稿竟不翼而飞了，他说不是被偷走的，而是飞走的。

他还告诉我，在那个隆卡道尔地区，他发现过不少直径达 4.5 米的洞穴，很深很深。他下去几十米后就不敢继续走了。因为里边漆黑

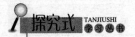

一团，什么也看不见，而且有一股奇怪的香味。

他在山谷里遇见过一大块平地，显然是开凿出来的，但原始森林里谁会耗费巨大的劳力开凿出几公顷大的石头平台呢？

他得出结论：那里是一个极其秘密的飞碟基地，很可能存在着一个地球人难以进入的外星人王国。那体高 2 米以上的巨人必定是外来的，他们在山谷里建立基地，然后定期外出，考察我们这个星球和人类。

为揭开真相，这位考古学家联络一批学者组织了一个非盈利的研究协会 A3BL。在他的带领下，28 名学者对塞拉多隆卡道尔地区做了一次深入的勘察，收集到了大量奇异物体，有些东西已送到美国科罗拉多大学实验室化验。据这位考古学家说，他们未能到达山谷中隧道的深处，因为越往里走，奇怪的气味就越浓，里边让人产生失重的感觉。大约走了几百米他们就无法自控，连脚都抬不起来，只好爬了出来。

水下 UFO

1957 年，巴西学者休基宁又在《从地下到空中：飞碟》一书中，正式提出 UFO 来自地内文明的理论。说"百慕大"魔鬼三角是那个世界通向地面世界的出入口，水下 UFO 是那个世界派遣到我们这个世界来的探测器。"在幽深的洞穴和海底，常常出现一些奇异的现象，这些洞穴和海底也许通向大地深处的另一个文明世界"。

第三章 巴西传言

伴随阿诺德事件在全世界高涨的 UFO 热潮，几乎成为过去的 20 世纪产生的新兴文化。UFO 是什么？它来自哪里？它来干什么？有人说那些空中的神奇飞行物来自地下、来自海洋，更多的人把对不明飞行物的调查便移入太空。

来自巴西沃金海的这个事件便是现实 20 世纪 90 年处理事情方法的一个极好的例子。研究者第一次得到的这个信息并不是从晚间新闻上听到也不是从报纸上读到的，而是当有人发 E－mail 给他才获知的。才开始的几分钟，他一点头绪也没有，但是通过浏览其他的 E－mail 信件，核查晚上的新闻，甚至浏览许多在线的杂志和报纸，他的头脑里边对在巴西所发生的事情有了一定的了解。

人们可以从这一过程中，找到似乎不完全是不明飞行物的身影。这也是 UFO 研究者的困惑之处，因为不明飞行物并不完全是自然科学，而其涉及的社会学、心理学的内容更大，有时候更能掌握事情发展的方向。

第一节 美洲兔在喝水

沃金海是巴西中部的一个有 15 万人口的城市，它位于桑波罗的西北部，大约离海岸 80 千米的地位。这城市有许多跨国公司并且也

是工业中心。

媒体的力量

这些事实非常重要，仅是因为我们的态度如美国人那样，我们经常把第三世界想成充满了未受教育及非常迷信的贫民区，当然在巴西有上百万的人适合这样的描述，同样也有上百万的其他人和我们一样用这同样的工具走进这新社会。用另一句话来说那就是出现在因特网新闻里很多都是从展示自己的巴西人那里得来的。

但这一城市同样也被描述为飞碟频繁出现地。这里有许多场景和外星人诱拐的报道。马瑞·格瑞的南部是以其外星人存在的现象而在世界闻名的。

这里要提到的是另外的一个事实。我有一盘于 1996 年 6 月录制的关于对维多利奥·派克斯尼的采访的录像带。密苏里州的约翰·卡本特，他 6 月份在巴西，陪同一起的调查员有约翰·迈克博士、哥拉哈门·布德萨尔和斯坦特·弗雷德曼。他们一起采访了派克斯尼，卡本特非常友好的同意我引述上次的采访。我同样在 1996 年 7 月在北卡罗来纳召开的 MUFON 会议上见到了来自巴西的 A. J. 哥维雷德，并与他谈及此事，在他的讲义中，他详细描绘了所知道的这一事件。用另一句话来讲就是，通过新的技术，利用我的电脑、录像机和某些原则上的个人协议，我便可以把这些报告连起来而不必要离开美国。

非常清楚的第一件事就是这一事件和其他飞碟领域内的事情一样复杂。在其他人当中，哥维雷德声称这一事件在重要性上超过罗斯韦尔事件，即使这不正确，但它在复杂性上绝不亚于罗斯韦尔。

抓获怪兽

首先，根据派克斯尼所述，在 1996 年 1 月 20 日初次见到外来物的不是许多报告中指出的三个女孩，而是巴西警火局的部分成员。他们在三个女孩声称的六个小时前便已见到。在卡本特制作的录像带中很明显可以听到派克斯尼在谈论另外的东西而不是引叙在这个国家已刊登的那三个小女孩的叙说。

派克斯尼是一个成立于20世纪40年代中期的一个叫CICOANI的巴西飞碟研究组的成员。在他听到地方媒体的报道之后便开始了这项工作。据他说："我从消息部得到一个电话，它告诉我现在是美洲兔喝水的时候了。"这巴西表达语的意思是一个非常重要的目击者将要讲述他所见的内容。

根据派克斯尼所述，在巴西，当出现失踪小狗、蜜蜂等任何野生动物这些问题时，火警局就会被告知。他是军队的一部分，很显然在巴西没有居民火警局。

派克斯尼说道："根据我们的信息源，在1月20日上午有电话一直响个不停，那时人们报告在韦金纳的某个地方出现了一个奇怪的野兽并要求将其抓获。"

四个人被派往那个地方，在他们报告给他们的上级迈斯尔上校时，他们已经到达现场。他们根据这个区里的六位居民所指的方位寻去。根据报道，有些年轻的居民还往那怪兽身上扔石头。

他们追到山下朝向森林处，在那儿他们见到了这怪物。这怪物并没有试着逃避他们，事实上，这怪物可描绘成它让人看上去相当眩晕，运用大网，他们便轻易地抓住了怪物。这怪物除了发出像蜜蜂的嗡嗡声并没有别的声音。这怪物被运往山顶，然后放进卡车后部的一个帆布盖着的盒子里。

当他们抓获了这一怪物时，这些警务人员打电话给迈斯尔上校并告知："上校，你最好来一趟。"这大约是在上午10时30分左右。

根据派克斯尼所述，这怪物的大头上有无数肿块和凸起物。它的颜色是猩红，且在这大头上也有一对大的红眼睛，它那长而细的胳膊紧贴着膝盖。它的皮肤闪亮，好像用油擦过并且显具氨水味。这怪物没有明显的生殖器，也没有穿衣服。

这怪物从这一区域被带走。虽然有许多人想证实这怪物的存在，

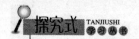

而在依里洌，艾尔润哥上尉否认所有的一切，但在巴西的飞碟研究人员说上尉是在说谎。

见到魔鬼

同样在 1 月 20 日下午，三个女孩下班后抄捷径回家，在途中，其中一个叫莉莲·费提玛瞥了一下左边便叫起来。在那泥土之中，有一个头上有三块凸起物的怪兽蹲伏在那里。其中一女孩叙道，这怪物一只手放在裆中间的地面上，另一只手放在后面，他的眼睛极大且是红的。

另外两个女孩是 22 岁的安吉德·德菲尔和 14 岁的瓦尔桂拉·费提曼，她们被所见的东西所吓坏，特别是由于那猩红的皮肤和那怪物头上的凸起物，她们以为她们见到了魔鬼，当这怪物慢吞吞地转身看她们之时，她们飞快地跑了。

两位女孩还把她们所见告知她们的母亲，并企图让母亲相信她们见到了魔鬼。露沙·海伦那·西尔·维亚便起身看那怪物，可当她到达那儿时，怪物已经走了。她只闻到一股强烈的氨水味并且在松软的泥中见到两个奇怪的脚印。

第二节　传说升级

到那时为止，并没有把这所见物与飞碟联系起来。然而，这一地区有飞碟的报道，在这一地区的好几个城市包括韦金纳、阿弗那斯、艾波兰斯和卡拉克斯报道之后，这些人便观察事情的发展。派克斯尼的帕克西尼报告指出许多人来拜访他，包括他的同事，告诉他一些景象。

无名目击者

派克斯尼说道，在2月份，他准备了一次采访，在途中，他遇到了一位老朋友，这位老朋友，并没有被派克斯尼立即认出，他了解到军队已经卷入了抓怪物的事件中。通过这位朋友的帮助，派克斯尼便获得了采访军队成员的机会。军队行政人员提供了几个与这一事件直接有关的人员，其中包括陆军中校奥利蒙皮·瓦德雷、陆军上校拉梅、军队警务员蒂比里奥、陆军中尉和唯一一个可以确知的皮吉莎警士。的确，在没有对这些人采访以前，这些姓名没有多大的意义。

派克斯尼说后来有更多的目击者被发现，并且他与军队另外的目击者取得了联系。这人并不愿意讲到他知道这一事情已经广为传播。他说让他奇怪的是在ESA（军队医学校）里面没有一个人知道关于手术的消息，因为在手术中有假情报活动。

派克斯尼说他的新目击者证明了第一个人所说的每件事，证明了抓获怪兽这一事件。这人在这地方医学院中的一个医院遇到装有盒子和怪物的卡车。派克斯尼继续说道："这死怪兽被放进一个由塑料纸糊着的盒子里。"这辆卡车，在其他卡车的护送下，驶往卡拉卡斯。根据可靠的消息，这发生在1月22日或者是在第一只怪兽抓获后的两天内。而第一只所抓获的怪兽是死的或另外一只怪兽是否被发现，这都是不清楚的。

需要指出的是至少有两个这样的怪兽。一个由火警部在早晨抓获的，另一个是被三个女孩在下午三四点钟看到的。这样，如果有这样的两个怪兽存在，就很容易有第三个或更多。

这样，如果参照这一观点，巴西的飞碟专家皮得罗·酷汗声称在韦金纳的目击者现在都暗示有七个外星人被抓住，这包括两个严重受伤的和五个已被隐藏起来的。据如此之述，当护送队到达卡拉克斯时发现那儿已经由警队在等待并为他们消除交通障碍。从那儿开始，他们继续稳步前进直到到达卡平纳斯。派克斯尼写道，他相信这怪兽是

被送往那里，因为这样才能把这个安排到卡平纳斯大学里的专业人士手中。

怪兽在医院

在这一点上，派克斯尼又列出了另外一个匿名者的资料。据他所述，"通过卡平纳斯大学的一位科学家，我们已经有了机会接近这方面的信息。这位科学家当然也是匿名的，他甚至去过韦金纳，在那儿收集了那里的土壤标本，并从看到怪兽的地方摘剪当地的植物。

这位科学家与他的同事、他的好朋友谈及此事并告诉了巴西政府。政府让他不要把所知道的一切泄漏出去，即使是学校的领导也被警告要对此事保密。然而这个人，在说话时就将他所知道的所有事情告诉了其他人。

派克斯尼报告他有一个来自韦金纳上层的社会成员，居住在这个城市的有名女士的消息。他告知那被抓的怪兽被带往最近的医疗站，从那儿送往医院。

通过核查这些信息，我们了解到这怪兽很可能被带往韦金纳两家不同的医院。它先被带到地区医院，很显然认为这太公开，于是这怪

兽被带往哈曼尼特医院，这医院技术设备较好并且位于郊区。很显然，权威人士认为这儿更有利于控制局势。报道指出这家医院位于高速路的附近，也允许有快速而又谨慎的运输。

韦金纳中的一名医院指导，艾迪尔森·胡摄尔在报道中说这故事简直是无稽之谈。他说："我们不可能把外星人存在这儿，我们也不会处理此事。"

在涉及有关外星人与飞碟观景事件中，总会引起足够的兴趣。巴西的飞碟研究者已经暗示了美国官员，很可能是空军部官员，被他们看到抬着奇怪的装置进入到哈曼尼特医院，没有人能够解释，他们到那里做什么，他们的装置又是什么。

在地区医院，有一个工作人员被告知不准谈论这一话题。一位餐饮工作人员说他并不相信这一叙说，但他的一位朋友说他见了在医院里的外星人。这种类似无法命名也没有证据支持的传言还有很多。

如果这是可能的话，或许这件事情将变得更为复杂。在另一个报道中指出那外星人，一个男的，一个女的，首先被带往医院，然后被送到绍帕鲁大学。报告指出从大学里出来的两辆车中可以看到两个陌生人。其中的一名报道者暗示那两位陌生人是美国人。

第三节　证据不说话

金钱的声音

在这一期间，当那怪兽在那地区运输的时候，另外一个目击者出现了。这个人被描述为：一个来自 NCO 学校的一位军人的儿子。不

管如何，他获得机会得到那盘放映怪兽的录像带。他把这个销售给巴西一个最大的电视网，且要价 6.8 万美元，但很显然遭到拒绝，而价格也就随之下降。

想到媒体对莎提利的录像带疯狂着迷之事，我感到奇怪。某些事都显出那没有任何出处，然而在全世界电视网络却争着抓住机会大花金钱。

假设有一个对展出录像带的谈判，并且正如所描述的一个年轻的小伙子为录像带拥有者拜访了网络官员。对他的可信度显然是值得怀疑的。如果事实果真如此的话，那录像带也似乎不可能得以公开。如今有人宣称这男孩处于危险阶段。

与此同时，另外一个类似的传言继之而来。一为在韦金纳工作的警官拷贝了一份录像带并带回家，把他放给他的女儿和他女儿的朋友看。根据派克斯尼所叙，这位朋友的父亲（有必要指出这复杂的人际关系）是一位有名望的人。他说他女儿观看了那抓获怪兽的恐怖录像。当地一个女孩的父亲意识到形势危险时，他带着录像带消失了。值得注意的是没有任何一个人的名字在这一故事中提到。然而，派克斯尼声称通过整个的采访，他们已经掌握了报告和录像带存在的证据。但没有一个向大家显示。

新闻发布会

6 月 28 日，《街闻》杂志报道了在韦金纳地区的所见之物。政府官员召开了一次新闻发布会，指出飞碟谈论的不真实性，但一位自动机车修理工声称他看到一个圆柱形的飞碟，却成了新闻的大标题。且城市一位巫师预测韦金纳因为飞碟的活动，它将会成为自然灾难的一个景点。

韦金纳的政府官员并不像罗斯韦尔那样不愿意把自己的城市与飞碟连在一起。人们常提到的一个地方公园的名字就叫"七个外星人"。

再一次有官方否认的消息，在卡拉克斯的 NcO 学院的公众信息官

员艾德瓦杜·卡力芝将军，他说道：他对那三个女人（一个 14 岁，一个 16 岁，一个 22 岁）的所见没有任何印象，但他坚持认为这些根本没有像所报道的那样。

《街闻》杂志指出卡力芝到目前为止并没有对驾驭军队卡车的任何解释。他的陈述似乎与 4 月份所讲的有所冲突，那时，官员们声称那护送队是军队的部分演习。当然如果他们是在演习的话，那么可能会有对行程驾驭的规定。然而值得迷惑的是只驾驭了一个多地区。

在 6 月底，A. J. 古维德说道，他对那些与飞碟冲撞故事都有某些关联的 60 名目击者说起此事。那是一个雪茄形的飞碟，在城市的北上空撞裂，他同时提到那两名陌生人可能是美国人。

对记载文件的调查仍在继续进行，据《街闻》杂志讲：最引起人关心的证据便是由两个身着市民便装的年轻人的录音记录。这两位年轻人为军队的成员，详细描述了处理两位外星人的过程。然而，我们不可能检测这磁带的真实性，因为派克斯尼没有暴露那些人的名字，他说他们害怕遭到报复。

如 何 自 处

令人感兴趣的是三名原目击者中的两人对每次采访要求收费 200美元。由于人们对这一事情如此感兴趣，很显然，她们可以从中获得大笔的钱，并且在巴西电视网中播放的长达两个小时的纪录片得到如

此高的收视率，以至于她们在接连的几个周末中连续放映。

请记住，现在有一位年轻人试着出售他的关于外星人胶卷，但却没能卖掉。对我来说，这就意味着胶卷的质量如此之低，以至于报道者能够很容易地看清这是恶作剧。那就是，有着高的获利以至于电视网在一个星期内作了一次特殊的内部调整。我怀疑任何一个电视网都会拒绝收这样的胶卷，除非这是一个明显的恶作剧。

在这一事件中我们又处于什么样的位置呢？那些在巴西的人在胡乱发布这一事件。润君奈而德·蒂·艾斯雅德说道，这韦金纳事件是在世界上发生过飞碟事件之一。我知道我们掌握了比在罗斯韦尔事件更优越的东西。

克劳迪尔·康福说道，问题的严肃性在于研究者表明在处理这些信息时，著作本身提高了飞碟学的可信度，如果我们仅只考虑已被编辑的大量信息、详细的细节和已经显露的好几个目击者，我们就可以看到这一事件留给罗斯韦尔的很少。

埃杜艾德·莫尼娣尼说道，我密切关注整个调查过程，并帮助尤比拉加东和派克斯尼处理来自卡平纳斯的信息。我们都对布且·普雷哈斯对怪兽的研究表示怀疑。但我们对外星人被带到尤里卡普并在那儿得到解剖一事极力相信。

然而，在另一方面，《街闻》杂志报道，派克斯尼的经营品牌是以边疆市镇为特征的。在那里其建筑大多似卡斯特棚学校，且报纸是由一个隔离的报道者编辑的。派克斯尼先生，这位长期从事于飞碟研究的人，已经辞去了原本作为一个商务顾问为参观者们提供购物的工作。

事件背后

这留给我们的又在哪儿呢？巴西总是一个充满飞碟奇景和报道的国家。一些初次的飞碟照片 1952 年在巴西拍摄。照片展出了一个正在飞越灌木丛的圆盘。且拍摄效果也极具有戏剧性。随着时间推移，它们被复印了许多，其中很多都被运用于空想研究组织的研究证据。他们至此也被许多飞碟组织编称为恶作剧。

整个一组照片拍摄于 1958 年。据许多研究者称这些是可获得的最好的证据之一。在这一点上，他们经受了时间的考验，据故事所述，当"土星状"的飞船飞越那小岛的时候，仍有多位目击者目击了此事。

然而，问题的关键在于巴西人对飞碟的描述，他们共同分享他们的恶作剧和欺骗行为。他们并没受到过良好的教育，就如他们国内的研究者，他们有能力和技术知道如何制造可信的恶作剧。自从 1950 年早期，我们所见的伪造的照片和胶卷从巴西不断而来。

在这一事件中，已经指出的是除了两个在污泥中的趾印之外，并没有身体的证据来证实，那位称之为参与者的军队的官员也作了官方否定。多数目击证人也有了限制，尽管他们被不同的故事、不同的研究者作了大量的引述。事实上，我们也不能够证实太多的东西。

同时，我们也有许多地方人士做似乎非常可信的调查。但我们可看到这一事件成为这一城市的获利机会。我可能是最后一个投入此税金的人，因为关于我的叙述只有几个场合，并且金钱也不是我对罗斯韦尔研究的动力源泉。

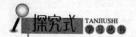
那位作第一次报道的女孩们现在对每次采访收费并不能看作只是为补偿的欲望，那些报道者、调查者和所有其他人也对此赚钱。但为什么他们都不声称这只是一个小馅饼呢？所不同之处就在于金钱似乎不是他们记叙的原动力。

但许多其他人的动力因素就值得怀疑，如果不是利益所驱，那必定是个人的发展前途，这就意味着报告者、调查者、政府军队官员和其他与之有关的人都涉及的。调查者他们或许不会变得富有，但他们会变得非常有名。对于报道者，如果他们有好的故事的话，他们就会赢得编辑的称赞。对于军队，如果这故事是真实的，非常自然的，他们就会对外界作出隐藏。

这又是何意思呢？那时，我们有着非常有趣但似乎不符合飞碟分类的故事，许多研究者已经指出所描绘的外星人并不及近 15 年其他报道者所描述的那样。无论是事件还是故事本身，都不是非常重要，只是有趣。

他们对外星人的反应是相当令人迷惑的，他们似乎很茫然，一旦在我们所设定的条件之外，他们便不能为自己声辩。把官方的否认与那相互的故事联系起来之后，留给我们的便是这故事非常有趣，但不是非常重要。

如果正确记录的话，这一事件将如那些巴西人所坚持的那样，它比罗斯韦尔事件更具有轰动效应。我们也有更多对目击者的采访录像。对这一事件制作纪录片的可能性是相当高的，但实际上还没有制作出来。然而，这一事件要求我们继续审核。或许，这也可能成为另外一个恶作剧，从一开始便阻挡研究工作进程。

知识链接

巴西人的飞碟

2009 年 5 月 23 日晚，巴西里约热内卢著名的科帕卡巴纳海滩上空，出现了一个不断变换颜色的"飞碟"，流光溢彩的样子活像孩子们玩的溜溜球。"飞碟"光临吸引了将近 50 万人观看，附近居民也聚集在窗口观赏这一"奇观"，还有人拿出照相机捕捉"飞碟"的身影。

原来，这场"飞碟秀"是美国艺术家彼得·科芬和巴西工程师合作的一个艺术项目。那么彼得·科芬为何要设计这场飞碟秀呢？他说："制作不明飞行物是一件奇特的事情，因为你本来以为这是虚幻的东西，但是制作那些我们看不见的东西、那些我们希望看到的或相信（存在）的东西是艺术家的职责的一部分。"

艺术家们做出的"飞碟"直径 7 米，重约 800 千克，安装了 1 万5000 盏灯。它并不是自行飞上天空，而是由一架直升机牵引带上天空。"飞碟"原计划飞行 20 分钟，但是出于节省燃料的考虑，最终缩短了飞行时间。彼得·科芬希望里约市民能够喜欢他的作品，并且踊跃和周围人分享他们拍摄的照片和视频。

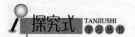

第四章　智利：UFO 的领地

　　南美洲是著名的受到不明飞行物严重骚扰地区，尤其是智利。这个国家的圣地亚哥航空公司技术学校校长、空中奇异现象研究委员会委员里卡多·贝默德兹中将向新闻界表示："我们不能否定此现象的确存在……但是我们无法确定那是否是来自另一个世界的人驾驶的飞船，也不能确定劫持者是否果真是外星人。"

　　这位专门负责指挥调查不明飞行物和劫持现象的高级将领还说："在分析过的全部案例中，有 28% 得到了解答，比如目击的是金星。但是起码有 2% 的案例没有答案，而且很难排除其真实性，也不可能用已知的事物去解释。"

　　将军透露说："我们还在对三个录像带进行研究，因为在多次研究中我们始终未能淘汰它们。比如 1998 年 1 月 31 日摄于屋顶的麦普录像带，上边的图像仿佛是没有降落伞的空投人员。圣地亚哥市数千名市民那天夜里 20 时 30 分目击了此案。一个目击者正驾着车行驶在高速公路上，他看到那些空降人员消失在西北的云层里。此案迄今没有令人满意的答案。目击者都说看到了实实在在的物体，其行为十分古怪……"

第一节 失踪与失踪再现

智利的不明飞行物现象史可追溯到 1580 年 2 月 7 日。麦哲伦海峡两个海港的奠基者、西班牙航海家贝德罗·萨眠多·德甘博阿在他的航海日记里写过这样一段话：

"今天夜里，我们看见从海里冒出一个鲜红的球体，它上升到刮着大风的天空中。这个物体停留在远空的山顶上，像半个月亮悬浮在空中，发着红光……"

这一记载开创了智利的 UFO 研究史，至今已有 400 多年的时间了。

UFO 第三高发国

首次记载不明飞行物大规模出现在智利空中的报道，当然是智利的报纸，那是 1868 年的事。那年飞碟浪潮期间，最令人难以置信的是，发生在科皮亚波地区的奇怪的飞行球体，它们在夜里飞掠阿塔卡梅那地区。从那一年起，智利便成了无数不明飞行物喜欢光临的地方，智利是世界上第三个 UFO 现象高发国。

最著名的案例于 1977 年发生在秘鲁和智利两国交界处。那年 4 月 25 日，山地天气寒冷。清晨 4 时多，一支边界巡逻队的八名战士由阿曼多·瓦尔德斯·加利多带领驻守在潘帕山地，阿曼多在巡逻时神秘地消失了一段时间。回来后不久他向电视台记者说："山岗上那个发光物体亮了一夜，谁也不知道它是什么发光物。4 时多它开始下降……向山下落去，我们才看清它有两个亮点，或者说那是两个发光物休，一前一后，缓慢下降。它们靠得很近……"

　　阿曼多下士向发光物走过去，并要对方通报身份。他继续向前，竟然走进了奇怪的雾里，当着士兵们的面消失了 15 分钟后，阿曼多重新出现，嘴里在呼救。这时他的胡子长了数厘米，他的手表却指着 4 月 30 日。

　　1995 年 10 月 7 日，圣地亚哥的圣克里斯多巴尔发生一起不明飞行物着落案。此案还伴随有大面积的多起 UFO 目击事件，其中一名目击者叙述说，一个发出十分强烈的光的不明飞行物向高空升去，刺得他睁不开眼睛。

　　迄今为止，智利尚无乌拉圭、法国、美国等国家那样专门研究和解释空中不明现象的官方机构。1998 年 2 月，科钦波省府举行首次 UFO 研讨会，其间一个 UFO 团体写信给智利共和国总统，要求公布有关 UFO 的材料。总统答复说，空中奇异现象研究委员会（CEFAA）已经建立，负责研究 UFO 问题。

智利国际民航局（OACI）近年来对空中经常遇到不明飞行物现象表示越来越大的不安，于是航空当局采取了一系列安全措施保证在不测之时向飞行人员提供紧急救援，同时教育飞行人员如何避免同不明飞行物相撞。

CEFAA 的目的是：汇总全国的不明飞行物空中现象案例材料。该组织归属国家民航总局管理，同有关机构保持联系。在 2000 年 3 月底到 4 月初举办的国际智利航空展览会期间，CEFAA 举行了一个题为"UFO：调查、分析和新千年展望"研讨会，与会者都是各国研究空中不明现象的专家，他们最后发表共同宣言，希望新的千年里能够揭开 UFO 之谜。

045 航机案

045 航机险撞 UFO 案发生在南美洲南端的蒙特港区控制中心管辖的空域。1988 年 6 月 1 日，星期三夜里，天空格外明亮，万里无云，视野一望无际。入夜后该空域交通稀疏，控制中心只等着一架智利航空公司从莫特科飞来的 737 - 200 波音班机。

突然，控制中心听到 045 航机的机组人员问："蒙特港！我们前方有飞行活动吗？"

控制中心的值班员立即依窗观察北侧空域，看到一个十分奇怪的东西。

他事后叙述说："我看见一个发白光的物体，它从北方向机场飞来。我当时在指挥塔四楼。起初，我把这个飞行物与 737 航机混淆了。当我检查航机的位置时，才发现这个发白光的物体不可能是波音737 飞机，它是另一个物体。当它靠拢到离跑道 10 千米处的时候，我看得比较清楚了。它的上部有好几个白光点，下部有四个红光点。接着，它飞到离我约 1500 米的地方，始终在北方。它悬停了几秒钟，这时我观察到，它的下部发出的亮光照亮了它的底部。我的印象是底部为扁平，具有金属表面。我估计它是圆球体，直径约为 60 米，我没有看清其上半部。上部的白光同下部四个红光是完全不一样的，没有闪烁现象。大约过了两分钟，这个怪物朝北面远离而去。我没有看见它转弯改向，不一会儿它就消失在北方。"

那个物体朝北飞去，正是045航机飞来的方向。它的存在引起了机长的警觉，他先是询问控制塔人员，接着便做了个避让动作。控制塔值班员听到来自楼下的叫声，楼下的人对不明飞行物体看得更清楚。

子夜0时30分，当我们同045航机进场前进行无线电联系时，机长报告说空中有一个神秘的飞行物挡在他的前面。我从塔台向外观察，看到星星一样的亮点，它很大，形状一般，悬停在跑道上方约16千米的北方空域，处在地平线40°上方，它的亮度很大，颜

色有变化，由红转绿，由绿变黄。为了看得仔细些，我取出望远镜观察，但什么也没有看到，只见它低速向南朝机场飞来，一共持续了三四分钟。然后，不明飞行物仿佛即时被什么吸走，瞬间即逝了。我从望远镜里看不到它了，使用肉眼搜寻，这时我从无线电里听到045航机的飞行员说，他要左转，以便避开不明飞行物。我放眼朝北方天空看去，只看到一个反光，很快就消失了。5分钟后，波音航机又向控制塔报告，它离机场还有25千米，正开始向机场靠拢和下降。不一会它打开了着陆灯。此后的事与往常一样进行。

045航机同塔台联络的录音证实了当时的情况十分危急。一个不明飞行物运行在航机着落的路线上。机长的语音十分急迫，表明不明飞行物很可能会撞击飞机。幸好它在最后时刻走开了。

第二节 将军的誓言

智利空中奇异现象研究委员会CEFAA主席贝默德兹将军曾对电视台记者和国外报刊记者表过多次谈话，其中有一次同法国记者坦诚谈到了智利的UFO研究。

问：请您简要介绍一下您那个委员会的情况好吗？

答：这个委员会是根据国家军队总参谋长拉蒙·韦夏将军的意思组建的。他如今已当选为参议员。委员会成立于1997年10月3日。

问：该委员会的职责是什么？

答：它负责收集智利领空中发生的奇异现象的一切目击报告，目的在于认真客观地分析研究，以便做出航空活动是否受到威胁的判断。第二个使命是构筑统计材料，收集有关一切不明飞行现象的案例，从这些材料出发判别哪些属于奇异空中现象。

问：你们怎样获得 UFO 目击报告？

答：十分简单。这种报告有两个渠道：一个是民间机构，另一个是国家民航总局。我们依靠航空港控制塔台人员在《事故手册》里做的记录、气象预报、航空机组人员同地面控制人员之间的对话录音带等材料工作。目击材料也可来自军队和治安部队的报告，这里面当然也包括民航飞机和军用飞机驾驶员的报告。我们向目击者和事故调查者发出询问表，由双方填写，以便我们做全面的分析。

问：由此可见，你们对材料进行了严格的质量筛选，以便淘汰弄虚作假行为。

答：我们的工作准则十分严肃，每一起案例从开始时就对材料来源的可靠性有严格的检验，以便鉴别和剔除耍小聪明的人所做的伪证，以及精神不正常的人做的虚假证词。与此同时，我们也制定了一个目击报告的"奇异性"的尺度，允许奇异现象进入我们的研究领域。

问：您的委员会如何运作？

答：我要强调一点，空中奇异现象研究委员会的工作目的既非为了赚钱，也不是为了名誉。它纯粹是技术性的。从 UFO 目击报告出发，我们对事件做出初步的评估。接着，经过讨论，决定是否要做补充调查和分析研究。委员会下设一名秘书长（此人是航空港塔台控制人员）、一名内部顾问（提供地球物理学咨询）、一名民航总局公共关系专家、一名信息工程顾问和从外面来的另外四名顾问，即一位心理学家、一位民用电器工程师、一位天文学家和一位来自俄罗斯的天体物理学家。我还要着重指出，本委员会同圣地亚哥大学签有信息分析合作协议。

问：您对 UFO 学和 UFO 学家有何看法？

答：本委员会扮演着 UFO 学家们的"精神之父"的角色，还在空军部队举办报告会。重要区别在于：UFO 学家们希望相信 UFO 现象，空中奇异现象研究委员会希望知道 UFO 真相。

问：您个人目击过 UFO 现象吗？

答：我见过许多次，但那都是高空棱镜状云块加冰凌。

问：您对 UFO 现象有何想法？

答：我们人类每年要发现数以百计的新行星和新太阳，那里可能存在以碳为基础的生命。迄今为止，人们尚未对 UFO 现象做出合理的解释。

人们只解释了 98％ 的 UFO 事件，还有 2％ 没有答案。我们应当研究 UFO，哪怕最后得出结论说 UFO 是我们地球发出的至今不为人们了解的现象。是与否都是答案，千万不要有先入为主的观念……

随时投入行动

空中奇异现象研究委员会 CEFAA 秘书长古斯塔沃·罗蒂盖兹·纳伐欧是该委员会的核心人物，他是专职的，时刻保持高度警惕，随时都准备派出调查人员奔赴现场调查。他的一次与新闻记者的谈话记录如下：

问：CEFAA 秘书长先生，您作为空域控制人员，出任圣地亚哥航空技术学校教授，曾经调查过许多起空中不明飞行物案例。您是怎样对此现象发生兴趣的？

答：我是从 20 世纪 70 年代起开始对 UFO 现象产生兴趣的，当时我在智利北方同秘鲁交界处的阿里卡当机场调度员，经常读到飞行员们的目击报告，渐渐地便对此产生了兴趣。后来，我开始在民航办的正式杂志上发表文章，报道飞行员们报告中的目击事件，不进行分析，也不掺杂个人意见。好些年后，我在监督空域方面被委以重任，便慢慢地组织一些活动。应当承认，监督空域人员一般是不愿意谈论 UFO 报告的。他们的任务是保证民航飞机的安全。为何不可以同时兼顾不明飞行物向飞机安全提出的挑战呢？

问：您认为那些不明飞行物是什么？

答：我个人深信，UFO 是人工产品，是机械物，它们越来越频繁地侵扰我们！十分庆幸的是，迄今为止，UFO 尚未制造空中事故，至少说在智利还未出现过 UFO 造成的空难。

问：据您看，智利为何是世界上 UFO 事件最频繁的国家之一？

答：您是否说，智利是发生第一类接触得天独厚的地方？我不这样看，尽管新闻界是如此报道的。我想，其他国家也发生同样多的案例，比如阿根廷的南部。

问：但是，毕竟有一些地区是高发区……

答：是的……数字统计显示出一些高发区，但实际上并无 UFO 偏好的地区。比如说吧，智利北部地区的天空比其他地方要纯洁，那里有许多人爱观看天空和星星，因而看到奇异现象的机会就多一点。智利南部地区有大量小村子，那里的居民对周围发生的事十分关心……在一个叫安戈尔市的郊区，仅 1999 年 12 月，我们就收到 80 起目击 UFO 的报告，其中还附有录像带。首都圣地亚哥的 UFO 案件应当一样频繁，只是那里的人走路时眼睛向下注视着道路，不看天空。另外，污染也不利于人们观察天空。

问：可否告诉我，您的一班人目前正在处理多少案例？

答：自从 1997 年 10 月 CEFAA 成立以来，我们研究了 79 个案例，只有 6 个是严肃的不明飞行物事件，三分之一的案例被列为"材料不充足"。6 个案例或附有照片，或有录像带作证，或者有经过严格调查被认为是可信人的证词。我们正在研究这 6 个案件，尚未得出结论。

问：有多少案件附有照片？

答：只有一件，那个发光物像戒指或金色的环一样在空中旋转。

问：您研究所有的不明飞行物目击报告吗？

答：当然不。CEFAA 的首要任务是调查飞行员和机场塔台监控人员的报告。有人批评我们不经常调查所有目击报告，但我要说，我们的职责是调查航空中的奇异现象。再说，我们的人员很少，不可能旁顾其他有关案例。假如案件发生在夜里，我们可动用电脑系统检查，是否是行星运行。我们去现场时带着一份表格，以便详细询问目击者。

问：你们同智利军方有没有交换情报的协议，或者同贵国的 UFO 机构有此类协议？

答：没有什么情报交换。我们对发生在别人管区里的奇异现象会发出一份"空中第一类接触"调查表。所有航空俱乐部、机场、航线和军事有关组织都会收到这样的调查表，包括我们的驱逐机大队。尽管如此，我们很少收到回信。我们保证不公布作证的飞行员的姓名，但是飞行员不太喜欢谈论这方面的经历。

问：您最近收到过 UFO 目击报告吗？

答：去年（1999 年），两架进入圣地亚哥空域的航机报告说，有一个巨大的发光物和另外两个小的三角形发光物出现在航线上。飞行员询问那是些什么物体，雷达什么也没有测到。得到的答复是：航线上没有其他飞机。一架飞机着陆后再次起飞去其他地方，飞行员又在无线电中报告说，发光物再次出现。

问：您是否得到报告，飞机险些同 UFO 相撞？

答：就智利来说，我没有接到过此类报告。我想得起来的一个案例是一架双座轰炸驱逐机在安托法加斯塔海面上空消失，那是多年前的事了。当时的报纸说，飞机是被巨大的飞碟劫持走的。这是神话，那飞机很可能是出事坠入大海了。

第三节　一场老鼠捉猫的游戏

卡塔朗机长的努力

事情发生在 1979 年 5 月 23 日，星期三中午。

地点：圣地亚哥北面 1400 千米安托法加斯塔海岸城市塞罗莫雷诺附近的航空基地。

事情经过：两架虎 II 式 F－5 单座喷汽式歼击机刚刚起飞。其中一架由卡塔朗机长驾驶，他已有 11 年飞行经验，是智利最优秀的歼击机驾驶员。那是一次例行的飞行训练，气象条件极佳，可视性良好。两机朝西南飞去，进行他们的训练科目。突然，地面控制塔告诉飞行员，雷达荧屏上出现一个不明飞行物。智利的这个空域同秘鲁交界，军事人员随时都处在戒备状态，这是个敏感地区。

雷达荧屏上的小亮点很可能是一架不明身份的飞机。这位机长根据航空法试图搞清楚亮点的身份。据他测算，那物体的速度在 0.92 马赫以上，近乎音速。他向采访他的记者说："像往常一样，当一架飞机逸出其航道的时候，我们总会奉命前去拦截，把它领回航行走廊。"

当时的飞行高度为 4900 米。那家伙朝南飞去，我们的速度超过了音速，以便追上它。当我们接到命令时，我们两架飞机便分开飞行，另一架飞机向北飞去。我终于捕捉到了那个陌生的飞行物，我不再说那架飞机了，而说它是飞行物。我加速到 1.3 马赫，约 1700 千米/秒，远远超过了音速。在南侧约 16 千米处我目视到了它。我在它后面 4 千米处紧盯不放。在朝西方向，我们发现 11 300 米高空有一个

亮点，起先它有点模糊，于是我向它靠拢，以便仔细观察。荧屏上的亮点远比一般商业飞机大得多。开始时我把它当成一架客机。亮点有些灰暗，我说不准它究竟是什么东西。要看清它，必须赶上去同它平行飞行。我终于赶上了它。对同行的飞机驾驶员说："我们分别从两侧逼近它！"

歼击机驾驶员停了片刻，喝一杯咖啡后接着说：

那飞行物十分巨大，呈三角形，边界含含糊糊、灰暗不清。我们两架歼击机逼近它两侧9千米处一起飞行。那是个三角形怪物，也许是金字塔形，后面有两个伸出来的尾状物。接着，我观察到它是黑色的。我要重复指出，它是含糊不清的，仿佛由雾包围着，尽管天空是透明无云的，而且那个高度的阳光很强烈。另一个飞行员的观察同我的绝对吻合。我们开始激动起来。同地面的无线电联系发生了困难。

卡塔朗命令另一位飞行员返航，决定独自追击不明飞行物。他叙述说：

我继续向它靠拢到理应能看清它的真面目的距离内。这时，那个飞行物即时极快速地拐了90°的直角。这个动作，地面雷达控制系统也观察到了。它的加速度极大，即时达到每小时3600千米，即4马赫或5马赫，比音速大四五倍，没有哪架飞机能有这样的本领。

这时候卡塔朗意识到那是一个不同寻常的飞行物。

地面控制塔人员录下了卡塔朗追捕不明飞行物的全过程，他们用雷达和无线电收发报机以声和图两种手段观测到了这场"宇宙之猫"戏弄"地球之鼠"的游戏。机长卡塔朗最后说：

我返回机场后，我和基地的其他经验丰富的飞行教官一起分析了这次飞行训练的各个环节，把我所见到的同已知的人造飞行器做比较，包括同美国SR－71型间谍飞机做比较。大家得出结论说，我们的人造飞行器绝对不可能达到那种性能。

几天后，智利武装部队最高指挥部的本杰明·奥巴佐·布鲁勒将军发表声明说："卡塔朗机长见到的物体提出了问题，它似乎告诉我们，在这个问题上尚无定论。"

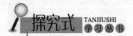

这起事件是个开端。后来智利又发生了一系列不明空中现象，飞行物呈三角形、球形、环形……许多目击者都是经验丰富的飞行员，他们的目击报告不仅有一流的观测数据和描绘，更重要的是有一流的可靠性和严肃性，军人是不会把不明空中现象当儿戏的。

雷达捕捉怪影

1978 年 11 月是智利历史上最危急最复杂的时期之一，领土争夺危机使它同阿根廷展开一场刀光剑影的恶战。智利中南部空中活动极为频繁，雷达对空域的监视空前加强，空军处于最高级的战备状态，一旦发现可疑的入侵者，歼击机就立即起飞拦截。当时担任雷达系统调度员的帕特西奥·波罗纳·罗沙斯回忆说：

1978 年 11 月 22 日清晨，约 2 时许，我们正在观察雷达荧屏，什么情况也没有。我负责圣地亚哥中心区段，以塞罗·科罗拉多为中心向外扩张 150 千米这样的范围是我的重点观察区。雷达系统的责任是监督该范围。突然，雷达荧屏右部出现了十分明亮的回波。我的第一个想法是：那是杂乱的回波，荧屏上常出现这种现象，尤其在初级雷达上更是家常便饭，因而我没有重视。

我依然像往常一样密切注视着荧屏。当雷达天线扫描到那个亮点时它已经不在原位了，而是移到西侧 11 千米处。于是我提高警惕等待下一次亮点的出现。当天线第 6 次扫描时，那物体移动了 67 千米，在高空 13 000 米处。这是一个奇特且不可思议的物体。每扫描一次，物体的图像要比上一次更为清晰。我立即告诉我的同事 J. W. 先生，请他注意监视不速之客。这飞行物的亮度可同两架波音 727 飞机交叉而过时的亮度相比拟。回波十分清晰，甚至可以隐约看到它拐弯。

忽然，在第 8 次扫描时，神秘的飞行物改向并改变了位置，转了 180°的弯，向南运行了 11 千米。我们观察到了一个真正的实体。在第 10 和 11 次扫描之间，飞行物朝西移动。天线扫描到了第 14 次时我们的观察就停止了，因为它已经飞出了荧屏范围。

　　智利的不明飞行物现象与世界其他地区的 UFO 现象有共同的特点。那里的研究人员正在努力工作，企图寻找到解开这个世纪之谜的钥匙。可是，钥匙究竟在哪里？何时能够找到它？这些都是待解之谜。

智利军方披露 UFO 事件

　　2007 年 2 月，1000 多名 UFO（爱好者和专家聚集在智利的维尼亚德尔马市参加由智利 UFO 调查协会举行的 UFO 学会议。这次会议上最值得关注的是智利军方展示了他们拍摄到的一组照片和录像资料。

　　UFO 学（UFOlogy）是指对不明飞行物或飞碟进行的研究。然而

许多幽浮学的专家认为，这一领域并没有得到科学家的重视。参加这次会议的一些专家说，一部分军方人员的参加为会议进程增添了合法性。

UFO调查协会的会长Rodrigo Fuenzalida说军方人员的出现具有重要的意义，因为他们的报道具有客观性，而且他们的先进技术可以被用来支持他们的观察。

智利军方的照片和录像是在上周二的晚上公开的。其中包括一张在南极上空拍摄到的球形金属物体的照片，还包括一段在2000年拍摄的录像，该录像显示当时智利军方的海军船只被一个发光物体追赶。

在这次会议上，智利军方第五分区上校Rodrigo Bravo还作了报告，他向全神贯注的听众讲述了他的论文，题目叫做"被空军确认的无法辨识空中现象的观察"。不过，他的讲话并不该部门关于UFO现象立场的技术性代表。

Fuenzalida说："Bravo上校从UFO作为一种现象的重要性的角度作了报告，他谈论了关于军方的一些接触，例如三架直升机在飞到拉乌尼翁附近时发现有一个不明飞行物正停靠在地面上。还有在2000年，有5个人被一个发光物体跟随但雷达上却没有显示。"Fuenzalida否认了军方关于外星生命活动进行的所谓"秘密调查"的存在。

出席这次会议的还有已经退休的官员阿曼德·瓦尔德斯，他曾被卷入一起智利第一次报道的外星人绑架案，后来成为了著名的瓦尔德斯案。在1977年的4月25日，瓦尔德斯和一个军队巡逻小组的5名成员一起看见两个发光物体从天而降，瓦尔德斯一个人走过去查看，据另外几个人说，当时他突然不见了，但大约过了15分钟，他又出现了，试图说话但晕倒了。他的手表上的日期显示已经向前走了5天，而且他的胡须看上去也大约已经一个星期没有刮了。

据他的战友说，当瓦尔德斯苏醒过来时，他说："你不知道我们是谁，也不知道我们来自哪里。但我告诉你我们将很快回来。"

第五章　外星人青睐墨西哥

美国人有句名言："上帝保佑美国！"这句话甚至被印到美金上。到了墨西哥，当地有句话叫："外星人青睐墨西哥"的确是这样，墨西哥是外星人青睐之地。被报道出来的事件很多，没被报道出来的事件更多。

第一节　与外星人交谈

以下这件事，发生在墨西哥青年安东尼奥·阿波达卡身上。事后他没有给任何人说起这件事，直到听说一位名叫萨尔瓦多·梅迪纳的人也遇到飞碟，他颇有感触，动笔写下了这封给梅迪纳的长信。他的这段经历发表在英国杂志《觉醒》季刊上。

萨尔瓦多·梅迪纳先生：

首先想请你原谅，我写这封信给你，是经黑伯先生转交的。我在墨西哥城的亲友把你在吉伍大山谷奇遇的报道寄给我，我读来感到非常亲切有趣，因为我自己也有过这种际遇。可惜的是，大家都不知道如何同作者联系。

我有一个亲戚是医生，大约一年前到我的农场来度假。我把自己的那次奇遇告诉他，但他竟然不相信，甚至我母亲向他发誓事情是真

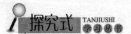

的，也没有用。

我是在哈利斯科州首府瓜达拉哈拉市读小学和中学的。如果不是父亲早逝，我还会继续读工科。我家有一片农场，距瓜市有 6 小时路程。我来到农场后，就决心弃学务农。大概因为我们是农民世家之故，我对农场的工作是胜任的。我今年 23 岁，结婚已半年。母亲同我们住在一起，日子过得很愉快。

1953 年 10 月 9 日，我和农场的两名雇工正在修补小果园的栅栏时，忽然被 100 米高度空中的一个物体给吸引住了，它是一个发蓝光的圆状物体。我们三人吓呆了，因为从未见过这种东西。这个物体降得很慢，像一根羽毛在空中飘荡着，然后着陆了。我们都不敢接近它。老实讲，当时我心里是害怕的。

不久，在它外面出现两个奇异的矮人，他们朝我们这边走来。我

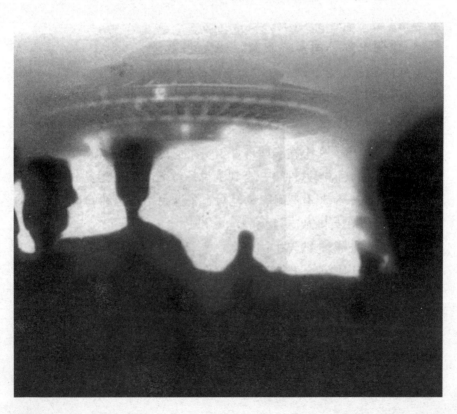

估计他们的身高不会超过 1.2 米。

我本能地摸到了身上的手枪，但又缩了回去，目的是不能让人看出自己胆小。这两个奇怪的人用短促的步子走过来，同时还高举着双手。当他们接近我们只有 3~4 米时，我问他们是谁，到这里来做什么。

他们这时表露出善意。其中较矮的一个向前走了几步，用清楚的西班牙语说："我们是你的朋友。"他穿着一种连裤的飞行服，质地像是灰色的花布，长度刚好盖住手和脚。他戴着头盔，虽然后部稍长，但仍可看到头发散落在肩上。给我印象最深的，是他那又宽又亮的腰带。他们的眼睛像山猫，但神情上没有恶意。

说话的人边打量我，边问道："你有多高?"

直到那时，我才发觉他们的手依然高举着，我立刻问为什么不把手放下来。

"唔!"他说，"我们不愿被你当成敌人。你带着枪，我们这样走来最为谨慎。"

我的两名雇工都怔住了。母亲听见狗吠，走到屋外。看到我们，似乎有些茫然。

"那么，"我说，"既然你们路过这里来访问，请到屋里坐一坐，好吗?"

我这句话是漫不经心说的，但来人却认真地回答说："好，谢谢你的好意。"

我朝屋里走去，在门口对我母亲说："我来介绍一下，这是从瓜达拉哈拉来访的朋友。"

我自己也不知为何对母亲撒这个谎。我当时在想，大概只有这样说，她才会相信。我母亲身高 1.64 米，我 1.82 米，因此，你不难想象我们与访客之间身高上的对比。这时，我急忙向母亲强调，高矮对交友并不重要，好的品格才最让人尊敬。

走进我们窄小的客厅，我请两位客人坐下。他们很轻快地登上位了。这时，我想请他们喝一杯烈酒，以便开始交谈。他们用头做了个

很雅的姿势说不喝它，因为它太烈，他们不想醉倒。于是，我母亲端来一盘水果甜点。我的客人看来很随和，我们也没有再拿别的东西招待他们。

我请他们参观我的农场，他们马上说可以。他们观赏我母亲的蔬菜园时，那副样子真可爱。参观到家畜栏时，他们对猪、鸡、鸭和火鸡也很感兴趣，好像从未见过这些动物。遇到母牛时，我说它们是极有营养的食品，他们却显得有些害怕。

"这里真像个实验室。"他们微笑着说。可是，"实验室"三个字才脱口，却发出"哞"的牛叫声。他们始终同牛保持距离，像是根本不认识它们似的，同时又怀有一种戒心，而我也开始对这两个人划起了个大问号。

我从来没有看过如同他们的奇怪容貌和衣着，也许那是最新式的飞行服。他们的飞机也可能是最新发明的，只是我完全不晓得罢了。

我又想，或许他们是美国人？难道他们是从欧洲来的……最奇怪的是他们的眼睛，我从未见过人的眼睛是这样长的。还有那长发，以及有点奇怪的音调……

大概他们已看出我的表情，其中一人问我，是不是第一次发现他们和我不同。我一时讲不出来，而他们却缠着要我坦率地说出对他们的印象。我一边思索该怎么回答，一边跟他们随便说话。后来，其中一人问我听过"飞碟"的事没有？我说听过一点儿，但没太注意。

第二节　踏上太空船

后来，他们问我相信不相信有外星人？最后才告诉我，他们来自另一个星球。他们认为地球上的人要发展到他们今天的水平，所需的时间可能比他们当初花费得要少。

他们请我参观他们的飞行物，我非常想借此开眼界。母亲一直不知道这两人的底细，仍以为他们是瓜市的朋友。

　　我进入机身后，从老远向一名雇工喊叫，让他转告我母亲，我乘朋友的飞机试飞去了，不用担心。

　　进入舱内，我感到很局促，机舱是密封的，我担心会窒息。但我立刻发现，实际上里面呼吸同外面并没有两样。座位与座位之间，是一种长方形的桌子，恰好可容纳一个人。因为空间太小，我就像是一只要破壳而出的小鸡。

　　起初我觉得毫无动静。但当我看到树和云不断向后飞逝，我知道我们已升空了。我们飘得很快，才几分钟，便经过瓜市。一会儿又飞临墨西哥市，我可以看到整个城市。我们在云际中进进出出，显然飞得很快。我的心几乎要整个跳出来，因为地球正像个球一般处在我脚下。我的朋友始终注视着我，一定要看看我有什么变化。他们问我是想折返呢，还是继续高飞，我让他们尽可随意地飞。

　　突然，我们面前出现一个又大又黑的圆物体，不久，我们的飞船被这巨物一点一点吞进去。我承认当时感到战栗了，也认识到彼此间的很大差异。他们说："我们刚才进入了太空中的一个大型控制母船。"

　　接着，一扇门打开了，稍后，我们鱼贯步出小飞船，走下阶梯。等走进一间拱形回廊，才看到我们的飞船被牢牢固定在一个庞大的金属架上，占去了母船圆周的大约1/5。

　　我被引导到墙的尽头，见另一扇门缓缓张开。我们走了进去，里面是一间极大的控制室，已有六个人在那里，其中两人年纪较大，他们的外貌和蔼可亲。在做介绍时，我头一次听到他们用自己的语言交谈。轮到我说话时，他们又用西班牙语。我的朋友说，只要我同意，他们一定会带我去参观他们的世界，并保证不会有危险。我问这趟旅程需时多久，他们说不需要多久。接着，一名长者对那些年轻的人做了些指示，马上就有三人在操作盘前入座。这时，我们面前的墙上，变成了银幕，显示出太空中许多正在飞行的太空船。它们既薄又亮，

速度惊人。

大约 1 小时后，他们请我用餐。菜和水果并不比我们地球上的少，另外还有一杯饮料，类似牛奶，但比较浓。吃过饭，我的印象是：他们的食物比我们更可口，更富有营养。进餐时，他们用自己的语言交谈着，偶尔也用西班牙语和我谈不同的话题。我逐渐发觉，他们想知道的都是地球上的大事。他们说我并不是第一个去他们星球访问的地球人。

吃完饭，我被安置在一个金属床上，床架高度可以随意调整。我把发生的事思索了一阵，就进入了梦乡。睡了不久，我被人唤醒去看一幕我毕生难忘的景象：我们正以非常惊人的速度逼近一个火球，它无比之大，几乎填满整个银幕。机员们都全神贯注，好像面临一场战争。长者说，我们正穿过他们星球的外层大气。说时迟，那时快，我们正飞过无垠的草地。最后，落在一块草地上。我们着陆点被小树丛覆盖着，树枝满载着果实，几乎搭在地面上。显然，这里是一片果园，其间散发着一种松树的香味。

第三节　参观外星球

　　走到外面，我才看出这个飞行物实在大得可怕，但它被金属脚架支撑着，并没有妨碍树丛。这里的土壤，黑而松软，精细如沙，但摸起来却像泡沫胶。它具有潮湿性，但非水般湿，而似胶般潮。地面上有金属通道，通向各方。我感到一阵闷热，像是洗土耳其浴，空气不足。不一会儿，我竟昏了过去。等我醒来，发现自己躺在来时睡过的床上，全体机员围在我四周。他们问我是否好点，给了我几支雪茄状玩意，要我放在嘴里吸吮。它有一种很好闻的柠檬水香气，我立刻复原如初。

　　我们重新走出去，沿着人行道的一旁漫步，到尽头处我看见一扇门。这时，我才发现，这地方实际上不是果园，而是一栋建筑物的屋顶。现在我面对林立的大厦。奇怪的是，没有一栋有窗子或任何开口。这些巨厦外有异常光泽，色彩无一不全，有大红、大紫、鲜黄、银色。最难忘的要算那银色的天空和从四面八方反射的闪光。我看到无数明亮的飞行物以惊人的速度飞向各处，它们种类繁多，有圆形、长圆形和梨形。在角落的地方，有许多站点，交通飞船里的乘客，可从那儿下船，说得更明确些，每艘飞船上都有一部分结构会分离开来，人们从这部分分离开后，这飞船继续赶路。其他人登上这分离的结构，就座之后，不久，另一架飞船来，就会再把它带走。小的交通工具，类似脚踏车，可乘一人，行动自如。也有的类似两辆小摩托车合并而成，可坐两人。

　　从我们的高处望下去，这儿就像是蚂蚁的殖民地，数不清的人朝

各个角落蠕动。在这么多的人中，还是以身材矮者占绝大多数。我慢慢认清了自己在这儿的粗笨可怜相。不只是身材，就连扮相也一定引人注意：墨西式的衣服，加上嘴上插着一支"雪茄"。

吃过饭，长者之一提议我去散散步。我就和两名照料我的人一同离开。走到大路上，我又仔细地看了个够。我注意到没有一栋巨厦有窗户，男女的穿着相同，我要辨别女人的话，只有靠她们天生的体态和比较柔和的讲话声。男人除了有稍高大的身材和外观，他们说话的调子也显得不悦耳。走在街上，他们彼此不打招呼，这种互不关心的交往方式，给我留下奇特的印象。

大型交通工具体积十分惊人，有数层舱板。另外，十字路口都有高架道和地下道，交通不会中断。我的两个朋友告诉我，在这个星球上，还有两人是从地球上来的，后来决定留在这里，有西班牙人血统。问我愿不愿见他们一面，我当然回答"愿意"。

我们走进一座建筑物，请教别人该上哪儿去找他们，然后搭乘一架前面说过的大飞船。乘飞船没有人付钱，在饭厅吃饭，也什么都不用。我们来到一所大厦，踏上升降机，找到服务台，总算问出了这两个人的住处。我们走进一架球形太空船。我的朋友和飞行员交谈了几句，我们便入座，飞船立刻快速升空。我们飞行的高度与屋顶齐，四周也有许多飞船。球形船在另一屋顶降落，我们步出机舱，来到街上，走进附近一栋楼，登上升降机，到了要找的那层楼，竟是一间庞然大厅，里面有许多倚壁而设的床铺，这间大房，看来像旅馆，住着许多人。看不到一扇窗户，也没有电灯，但光线十分充足。在这种完全密封的房子里，空气流畅，温度宜人，真是不可思议。

还有一个奇怪的现象处处可见：在靠墙部分有"黑色空间"。这种黑暗是长方形块块，给人的感觉不像是实体。后来我才知道，任何人在入睡前，都可以关掉一块他床位附近的光，使这块立方区完全陷入黑暗，同时也能隔音。

我们总算找到了这两人。当他们走过来时，那模样简直就是这个星球上的人：留着灰色长发，白皮肤，比我矮得多。走近了细看，才发现他们的容貌与外星人仍然差别甚大，尤其是缺少他们的那种风采。这种直接的对照，让人觉得地球上来的两个人是难看的。他们的蓝眼和外星人的奇特澄清的绿眼是根本不同的。

很不幸，他们并非我原以为的西班牙人，而是法国人。我们无法直接交谈，还是要由我的朋友来解释，我们多多少少谈了些话。

由言谈中我得知，还有一些地球人被太空船带到这个星球上，并生活得很愉快。他们两人已在这儿居住5年了，丝毫不想回地球。问起我是否要长久住下来，我说我只是短暂地访问，不久就要回去。

他们还问地球上现在是否太平？还有没有原子弹试验？事实上，他们问了我一大堆问题。我当时羞愧得真想遁入地洞，因为自己太无知，这些问题根本不会回答。

告别了两人，我们再度登上球形太空船。这回的着陆点与最初我坐的那艘巨型太空船停落的地方，只隔几条街。

紧接着，我的朋友带我到底下一间娱乐厅。它是个很大的圆形建筑物，里面有很多人。他们说建筑物每一层楼都有这么一栋大厅，供人娱乐。

离开娱乐厅，我们走到一个跟以前去过的餐厅相似的餐厅吃东西。之后，他们问我要不要回船休息。我因为太累，所以马上回答说要。我已失去了时间观念，也不知道我在这里究竟多久了。说到时间，我又想到一件怪事：那儿的光线一直不减弱，让你分不出是白天还是晚上。弧形的天空，总像个大反射镜似的，始终不变。

第四节　作客的外星人

进舱后不久，我就躺下了。里外的空气就是不一样，我现在用不着含那支特殊的"雪茄"就能舒服正常地呼吸了。巨船在我睡着时，居然悄悄地飞向归程，我一点也没感觉出来。直到他们叫醒我，起来吃最后一顿饭。

当我步入小飞船前，我和母船的机员依依不舍地道别。此刻，我才完全意识到我要回地球去了。我埋怨朋友不在走之前叫醒我，好让我再看一眼那奇妙的世界。他们告诉我，是长者认为这样做比较好。他们曾发现，当我来时，飞船跨过大气层那一刹那，我显得特别紧张。

我们现在的行动和来的时候恰好相反，换进小飞船前，我看见它固定在大金属颚里。当然，跟母船相比，它显得格外小，但是它的直径也有 15 米左右。巨型母船墙上出现了一道开口，就从这道开口，把我们吐出了太空。转眼之间，我回到了自己的农场。

我是 10 月 14 日中午 12 点钟着陆的。我离家的时间是 10 月 9 日下午 5 点。这个旅程共花了 4 天又 19 小时。

在这次奇遇中，我们飞行的速度，实在称得上是神速。我曾问过我的朋友，为什么能飞这么快？是用哪种动力？他们微笑说，他们并非完全使用我们心目中所感到的那种动力。

"你可曾注意过，"他们说，"河里的船是怎么顺流而下的？我们的做法多少是一样的。星球与星球之间，存在着电磁流和能流。我们的飞船，主要靠这两种东西来滑行的，速度之快，你难以想象。"

这一次，他们在农场停的时间很短，原因是必须赶回基地去，他们问我能不能提供一些种子和几对家畜给他们。我说当然可以，于是说好下次再来拿回去。

我的朋友果然实践了诺言。两周后又来到我的农场，在这儿做了 3 天客。他们暂住在农场的日子里，我们用玉蜀黍的残株和一些干树枝把飞行器遮盖起来，以免被从上空飞过的飞机看到。

我尽可能帮他们收集了许多不同的种子，还送给他们几对家畜，希望他们都已平安到达。

也许是他们到地球上来的工作做完了，也许是别的原因，从此他们竟未再回来过。

当我回想起这段奇遇，再想想那个充满了幸福的世界，以及那里谦恭友善的居民，我就会扪心自问：如果各国政府都不花那么多钱去打仗，而致力于人类的和平进步，或许我的朋友会帮助我们有所长进。比如说，透露一点秘密给我们，我们就用不着花好几百年时间去研究了。可是，这似乎不容易实现，甚至是不可能的。

好了，我的朋友，希望你听了我的经历不感觉枯燥，你也有过一次类似的经历，如果你不相信，我也不会羞愧。我只是比较愿意跟你讲这件事，而不想告诉别人。

我愿向你保证，我是个守诺言的人，我说的全是实话。

安东尼奥·阿波达卡敬上

1965 年 11 月于墨西哥

外星人宝宝

2009 年，墨西哥电视台公布了一条令人难以置信的消息：2007年 5 月在该国的一个农场内，人们在一个动物陷阱里发现了仍然活着的"外星人宝宝"！当时农场的工作人员由于害怕，将这个外星人活活淹死。后来，德国《图片报》又披露了惊人的后续内幕：发现这个"外星人"，并将其活活溺毙的农民，事隔几个月后就离奇身亡。

报道指出，这位农民名叫洛培兹，2007 年 5 月发现当时存活的"外星人宝宝"后，因为太害怕，将其从陷阱取出后，试了 3 次才成功溺死，耗时数小时之久。而几个月后，洛培兹被发现活活烧死在他的车子里。据了解，洛培兹是被极高温度的火烧死，尸体完全被烧成灰烬，警方至今查不出原因。

部分 UFO 专家认为，洛培兹的神秘死亡事件，"很可能是外星人的复仇"。专家指出，以往也有飞碟目击者或"第三类接触"者死于非命。

洛培兹的妻子表示，她的丈夫发现"外星人宝宝"时，她原本以为这东西是个玩笑，"或者是剥了皮的猴子"，直到丈夫离奇死亡，她才在 2008 年初下定决心，把"外星人宝宝"的标本交给研究人员。

在此前的报道中，当地科学家声称外星人宝宝的尸体标本不是人造的。它的身体构造与蜥蜴的非常类似（比如，它的牙齿没有牙根，可以长时间在水下生存等），不过也展现出了人类的某些特性，比如它的肢体关节构造。它的脑子很大，特别是后半部分，对人类来说，就是主管学习和记忆的脑组织比较发达。由此，科学家还得出结论说，这种生物是非常聪明的。

第六章　墨西哥：飞碟产业的乐土

墨西哥城内外很可能是不明飞行物活动最多而且引起骚动最大的地区。不明飞行物迷常常将墨西哥城的不明飞行物证据当做最有力的证据加以引证。

1994 年 10 月 1 日，美国不明飞行物协会会长史蒂芬·格利和主持人拉莉·金一起出现在"51 号地区现场直播"电视特别节目中。当时该节目正在内华达沙漠中的所谓的"外星人的研究基地"附近作露天广播。格利就说，没有必要跋涉到偏僻难及的地方去看不明飞行物，"就在过去的三年里，几百张摄像带显示，这种不明飞行物正在墨西哥城的 2200 万人头上飞来飞去。"1996 年 7 月 23 日的《国民探索》杂志上的一篇文章也做了同样惊人的论断。

第一节　赚大钱的 UFO 活动家

1996 年 4 月，我得到了一次自己查明真相的机会。当时，我参加了一家名叫"超境界"的"超自然旅行社"组织的一次与不明飞行物有关的墨西哥城旅行。这家旅行社也组织旅客到英国参观"灵现圈"，到波多黎各参观"吸血怪"和"维间通道"。吸血怪是一种攻击动物并吸干它们的血的神话动物。实际上这是一个人们熟悉的拉丁的牛怪传说。在英语故事里，某些牧场上的牲口会被外星人弄死。而在西班牙故事里，那些牲口是被吸血怪弄死的。

我们的旅程将我们带到一些全世界最活跃的不明飞行物地点。我们也会见了墨西哥城的不明飞行物信徒中的佼佼者。墨西哥城是否正经历着不明飞行物的突袭呢？以下是我所发现的。

日全食与 UFO

1991 年 7 月 11 日的日全食打开了墨西哥城的不明飞行物活动的现代画卷。这次日全食持续了 7 分钟（在理论上说几乎是最长的），覆盖了墨西哥城的大部分居民区。这是 20 世纪最长的一次日食。

几百万人拍下了 1991 年的日全食。法国的一名妇女拍下了一张真实的照片，就像不明飞行物。相片上模糊的物体，明显是日食的图

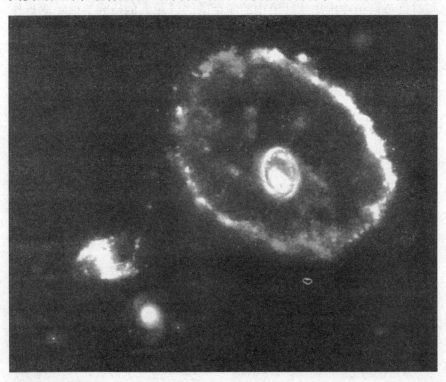

像，被认为是蚀去的太阳，而那个更明亮，有点曝光过度的物体被认为是不明飞行物。然而，这种分析是拙劣的。那个曝光过度的物体并不是反常的物体，而是太阳。当时太阳虽然只有一圈没有被蚀去，就像一只细细的白银或钻石戒指，但是极其明亮，直接拍照时就会曝光过度。照片上微弱的影像事实上正是蚀去的太阳本身的内部映像，是不同的镜片的表面反射的光在胶片上留下的。成千上万的使用简单照相机的人们，得到的结果类似于此。人们于是推断他们拍下了不明飞行物。一些具有企业家头脑的不明飞行物支持者立即认识到一个绝妙的获利机会。墨西哥城的不明飞行物潮于是涌起。

飞碟宣传家

我们会见了吉姆·莫森。吉姆·莫森原是墨西哥城的一名电视调查记者，现在是不明飞行物宣传家。从不明飞行物狂热中他比墨西哥甚至全世界的任何人都赚得更多。当时他的演讲费是一个晚上6万比索（约8000美元），这是一个令人震惊的数目，尤其是对于墨西哥人来说。他经营着一家利用不明飞行物或其他模糊的信念赚钱的组织。我们也和他的助手埃达多·维阿达斯进行了长时间的会谈。在莫森外出演讲和调查吸血怪的时候，埃达多就会填补他老板的空缺。埃达多向我们介绍了莫森设立的收集不明飞行物证据的组织。该组织则解释了他们如何训练其成员使用摄像机，如何派遣他们作为摄像网的一部分旅行到有不明飞行物报告的地方。

莫森的不明飞行物录像带在墨西哥由创世纪第三出版公司发行。该出版公司专门从事推广比利·梅耶尔的资料的活动。莫森也生产关于刺杀肯尼迪总统的阴谋活动以及关于瓜达卢佩圣母的"奇迹"的录像带。正如所料，他的工作室充满大量的由计算机控制的录像强化装备。然而问题是：除非人们能够检查没有经过编辑修改的原始照片或录像带，否则它对于证明什么没有任何体会。莫森坦率地告诉我们"墨西哥人没有造假照片"，他表现得不是使人悲伤的幼稚就是不诚

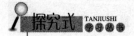

实。不过他马上补充了一句，美国人就这么做。他偶然地告诉我们，他并不相信在美国引起极大愤怒的不明飞行物劫持地球人的故事。对他而言，这些故事古怪得难以接受。

莫森的雷达

莫森声称他能通过某种渠道获得大量有关不明飞行物的雷达信息，而他仿佛在任何时刻都能在他的蜂式电话机上与飞机场雷达操作员取得联系。在和我们谈话时，他就做出了这样的行动。关于不明飞行物证据和一手资料，莫森谈了许多，但是我们却没有看到这些资料。他承诺他将送我们一些他的组织收集的不明飞行物证据，还记下了感兴趣的研究者的姓名地址。可是，我们什么信息也没有收到。

莫森声称，他的组织使用一种有计算机辅助的科学程式将真正的不明飞行物照片从伪造的照片中甄别出来。这种程式的基本原理是：只有在真正的物体周围，才存在力场。他声称，这种计算机甄别程式在《不明飞行物——接触》杂志（莫森就是这一杂志的编辑顾问）每一期上都有详细介绍，能够揭示一个真正的不明飞行物周围的磁场、力场，以及光谱度等的存在。我竭力反对说，在普通的录像带或照片上作此类分析是不可能的。莫森好像对受到这种知识性的批评没有心理准备。他立即退缩了一步，说他仅仅只是一名记者，只是重复他的作为物理学家的科学顾问所告诉他的。为了在旅行团面前挽回面子，他安排了他的物理学家第二天和我们会面。

我们最终见了莫森的科学顾问马里欧·托尔斯，然而托尔斯原来并不是物理学家，而事实上是《不明飞行物——接触》的编辑。托尔斯声称用来分析照片的软件和算法都是他自己的。虽然托马斯受过一定的科学教育而且声称拥有一些可申请专利的发明，但他无法向我们描述他的分析所根据的有效的科学原理。虽然他声称能够根据照片或录像带上测出热能、电磁能以及能量水平，但是稍稍询问之后，他无法为他的论断辩护这一事实已经很清楚了。托尔斯说他的分析是以他与已故的物理学家理查德·费恩曼的一次讲座为根据的。费恩曼当时告诉他光是一种电磁现象。剩下的所有"科学分析"都是基于他对照片包含什么、不包含什么的意义的揣测。托尔斯告诉我们，和莫森一样，他并不相信从美国传来的"不明飞行物劫持地球人"的故事。

第二节　特波兹特：UFO 之城

　　在墨西哥城附近的图提瓦肯，有一座金字塔，建于大约 8000 年前的前阿兹特克时代。著名的"灵现圈"精神领袖科林·安德鲁同时也涉足超自然主义的其他领域。他曾经参加一个较早的"超境界"墨西哥旅行团。他声称他站在太阳金字塔上发现了能量线。因此，导游提醒我们保持警惕。当我们到达这座壮丽的古老纪念碑碑顶的时候，大多数人都说，除了终于登上了一个绝妙的高处的狂喜心情之外，没有什么感觉。然而，旅行团的一个成员伸出双臂直立着，两眼望向天空，仿佛在"吸取能量"，这个姿势引起了很多人的极大注意。其他

人很快开始模仿起来。我们离开的时候，一些人仍然在"吸取能量"，我想也许我们这个旅行团开创了一个新的神秘仪式。

神秘能量

我们从墨西哥城来到特波兹特朗。特波兹特朗位于莫雷洛斯州，离古埃拉瓦卡不远，它是殖民时代墨西哥的中心，可以和色多拉或道斯相比拟，那里有很多商店出售水晶、殖民时代的书籍以及类似东西。特波兹特朗旅馆是一家"整体主义"疗养中心，中心内有它自己的采用自然疗法的医师和草药店，它的饭店是完全素食主义的。它为顾客提供了非常合理的健康服务，并对具有殖民时代风格的淋浴进行优惠打折。但后一项服务我拒绝了。

小镇周围的大山据说带有神奇的能量，在夜晚会发光。事实上有时好像就是这样：因为这个小镇就像约瑟玛特峡谷一样被又高又陡的悬崖包围着，一到晚上浅色的岩石就会反射镇上的灯光。在附近，或多或少的篝火总是在附近彻夜不熄。有人将山上的零星的火焰看做是不明飞行物而大叫起来，其实他们所看到的不过是火而已。在加利福尼亚州，我们每年花几百万美元来与旷野里的几千堆篝火作斗争。而在墨西哥，由于缺乏支持此类巨大的努力的资金，在无人烟的地区人们只能让火一直烧到自己熄灭为止。我们在旅馆的屋顶上度过了两个晚上。在那里，这个盛传有不明飞行物的特波兹特朗小镇一览无余。我们没有看到任何奇怪的物体，只有爽口的啤酒和特奎拉酒随手可及。

小镇名流

在特波兹特朗，我们接触的主要人物是小镇的名人和不明飞行物名流卡洛斯·底阿兹。卡洛斯是一个职业摄影师，专门拍摄由外星人驾驶着等离子船的照片。谢利·麦可莱恩经过墨西哥时去拜访了他。卡洛斯有一种充满魅力的孩子般的个性，而且很快就会和遇到的人打得过分火热。毫无疑问，许多人认为这是一种令人放心的举动，但对我来说，这有一种叫我产生警惕感的相反效果。在旅馆屋顶上，卡洛斯为我们指出了全镇的不明飞行物热点。他指向一块岩石地形，说它从这边看像雄性的生殖器官，而从山的另一边看，又像雌性的生殖器官。他解释道，正是由于这个缘故，阿兹特克人知道它是"生命之山"。山底附近是外星人的空间飞行器起落最频繁的地方。

卡洛斯讲故事的方式有三个级别。在每个级别，他总是对更古怪而在逻辑上应该早早提及的材料讳莫如深，滴水不漏。这三个级别我们这个旅行团都见到了，施行团里的部分人因此更加相信宇宙，而其他人则保持沉默。

他的第一级是不明飞行物发现者，经常在特波兹特朗郊外看到并拍摄外星人的等离子船的职业摄影师——卡洛斯的故事。一个小时之后，我们稍作休息，接着他又开始了他的第二个级别的演讲：那个悬浮在空中而且真的登上了等离子船的卡洛斯的故事。这是一个在早先的部分忘了提及的事实。不幸的是，他登船的时候，不能看到很多东西。很明显，那个构成外星船的等离子体只是类似于雾和口香糖的混合物的事物。无论哪个方向走都是困难的，而无论走到哪里，他能看到的只是更多的等离子体。又一次短暂休息之后，我们听到了作为"亚当一太空"联系员的卡洛斯的故事。他的外星朋友经常着陆，他们在沙漠里长时间地漫游。外星人展示了他的宇宙智慧。这个晚上以一个末日般的警告而告终。他警告说，除非人类为他的罪恶的自私的生活方式而忏悔并停止伤害这个星球，否则生态危机的到来将为时不远。这个明显的揪心的信息尤其重要，因为这不只是来自卡洛斯——一个完全可以忽略的无名小卒，而是由外星人亲自发出的！

卡洛斯·底阿兹以20美元一份的价格出售他所谓的等离子船的亲笔签名的胶版印刷品，他的不明飞行物看起来就像毫无特征的墨水印。甚至吉姆·莫森也承认他难以接受它们是真实的。有趣的是，卡洛斯告诉他并不相信来自美国的不明飞行物绑架地球人的报告。对他来说，这些报告古怪得难以置信。

UFO 之旗

在特波兹特朗的主街有一个巨大的旗帜，宣告着飞碟"对地球的清洗"和"阿斯达统治"的即将来临。我问卡洛斯这是什么意思。他耸了一下肩膀，回答说他对此一无所知，因为旗帜是一个不同的不明飞行物组织挂起的。

特波兹特朗也是一个少为人知却充满潜力的不明飞行物遭遇故事的发生地。就在此地，充满争议的以阴谋活动为目标的黑人穆斯林牧师——尊敬的路易斯·法拉克安被一艘盘旋在头顶上的巨型母体船从地上卷起。法拉克安宣称 1985 年 9 月 17 日他在山上的阿兹特克金字塔塔顶被电流束卷上一个不明飞行物。在那里，已故的阿利亚·穆罕默德警告他注意，罗纳德·里根即将实施对卡扎菲的利比亚的种族灭绝计划（为报复利比亚对反美恐怖主义的支持的空袭）。

第三节　期待 UFO 的召见

UFO 教主

在墨西哥特波兹特朗，我们最先接触的是洛伯图·吉尔。他是墨西哥不明飞行物研究组织的首脑。这一组织在墨特伯克郊外的一座小山上的旁塔·马科尼农场里开会。在那里，整个天空一览无余，波波卡他伯特尽收眼底。即使是在夜幕降临之后，也能看见一股火山流从火山口直冲天际。该组织在此处建造了一座木屋用于不明飞行物警戒期间的休息。这也是美国的一个不明飞行物调查团体在墨西哥旅途上的住处之一。在接连两个夜晚里，我们在那里做天空观测。而这一团体的成员似乎无法清楚地区分飞机和不明飞行物。据称不明飞行物常常遵守固定的夜间时刻表，这更说明他们把不明飞行物和国际定时航班搞混了。

人们拿来了所谓的"不明飞行物声音"和"灵现圈声音"的录音带，开始集体深思，试图和不明飞行物上的生物取得联系，甚至希望招来他们。这些是该组织从他们的美国同行那儿学来的窍门。洛伯图·吉尔率领这一组织做深思和创造性想象。他告诉我们想象看见自己慢慢地从我们所在的田野升起，逐渐到达高于地面的点，最终来到月亮外的空间。在那儿我们将遇到一个巨大的不明飞行物，我们要恳求它前来并在今晚向我们展露真容，就像一个人恳求其他外星生物一样。他的谈话就像一个带领他的教友祈祷的牧师的话，引起我们恳求一个看不见的外星生物满足我们狂热的愿望。

我们苦等了一个半小时，却没有看到任何不明飞行物。我们回到木屋吃了快餐，努力使自己舒服一些。洛伯图拿起他的手风琴带着我们歌唱。后来他又换了把吉他。他们唱他们的，我们唱我们的。那种同志情谊和昂扬精神的感觉是感染性的，我们什么也不少，只差不明飞行物来使这个夜晚圆满无缺。第二天早晨，就在我们离开墨西哥特

波兹特朗之前，洛伯图告诉我们昨晚我们离开十分钟之后，他们就看到了一架不明飞行物，但是不明飞行物总是这样，在他们在公众面前暴露的可能性最大的时候，他们总是遮遮掩掩的。就像我们遇到的其他墨西哥不明飞行物谜一样，洛伯图告诉我们，他和他的团体里的其他人都不相信美国的"不明飞行物绑架地球人"的报道。

引力畸变

在墨西哥特波兹特朗的一个早晨我们驻足于旁塔马科尼附近的一个所谓的"引力畸变"地点。据说旅游汽车会在所谓的下坡向上滚。当地斜坡的复杂形式迷惑了人的眼睛，使人弄不清"水平"实际上在哪里。遗憾的是，那辆汽车拒绝合作。洛伯图努力演示那个谜。他发动了车，英雄般地用力推它。他是一个非常强壮的汉子，但那辆车拒绝向任何方向转动。在阿特利克斯科附近，我们参观了律师老里洛的家。据说在他家的院子里，UFO降落了好几次。据说UFO每次都是降落在草地上，并在上面留下了一圈印迹。尽管他们参观时一圈印迹也没有看到。他的16岁的女儿阿德里娜声称，她看到一个UFO降落在她的窗外的院子里。从此，她开始收到一些幻象。这些幻象显示了地球与甚至大过木星的巨大星体的碰撞。

传说中的火山

我们离开特波兹特朗，朝普伯拉州的墨特伯克进发。波波卡他伯特火山进入了我们的视线，它是世界上最大的火山之一。事实上，这一地区正处于火山警报之下，几次小规模的火山进发就发生在最近的几个月里。火山灰像暴雨般洒遍这一地区。这座火山在这一地区的不明飞行物传说中扮演了突出的角色。

墨特伯克的不明飞行物目击者和调查人马里约·阿米拉斯宣称在火山附近无数次地看到不明飞行物，并且向我们展示了十几张他的图画。其中一张描绘了一整队正在下降以进入火山口的不明飞行物。另一张描绘了一个巨大的装饰华丽的不明飞行物，据说直径达 300 米，带有许多窗户。马里约提出要出售他手绘的不明飞行物图画，小的每张 20 美元，大的每张 30 美元。这些美丽的手绘的水彩画比卡洛斯·底阿兹的印刷品价值要高得多。

马里约有一种涉及不明飞行物和火山的阴谋理论。他认为，最近的火山喷发是被地球上的超级大国激发的，其目的是得到硫黄供应。他和其他人宣称曾经看到几队军用直升机飞向火山又飞了回来。有谣言说，卡洛斯·沙利拉斯政府实际上将波波卡他伯特卖给了垂涎于火山秘密和硫黄的外国。墨西哥非常担心我们这个施行团是代表美国政府到墨西哥特波兹特朗来从火山获取不明飞行物秘密的。他不愿和我们交谈，除非我们发誓说我们并不是为美国政府或其相关机构工作的。我们中每一个人都向他发了誓。

我们精神昂扬地回到美国，却对没能实现这次行动的主要目标——用我们自己的眼睛证实某些传说的墨西哥 UFO 遭遇。尽管我们在墨西哥的两个主要的 UFO 热点进行了四个晚上的天空观测，却什么奇怪的物体也没看到。我们会见了墨西哥的 UFO 支持者中的领袖人物，却没有看到任何类型的不同寻常的有形证据，没有看到一张清晰的或令人信服的照片或录像。我们看到几张似乎是对普通现象的真正误解。事实似乎是，尽管我们在美国听说在边界之南 UFO 活动正如火如荼，可如果你前往那些 UFO 热点地区，并要求 UFO 学领袖向你展示他们的最佳证据时，你将发现，那里没有什么东西比我们国内熟悉的同样模糊的照片和迷雾般的故事更引人注目的。

飞碟行列

2004年3月5日，墨西哥空军第501飞行中队的一架军用侦察飞机在墨西哥湾东南部专区的坎佩切州上空遭遇不明飞行物体，整个过程达15分钟。

当时侦察正在3500米的高空飞行，突然机载雷达发现前方有一不明飞行物。机组人员一面向基地汇报，一面靠近该飞行物。但在接近该UFO的过程中，不明飞行物以飞机所无法达到的高速逃逸，令机组人员目瞪口呆。不久，该UFO又突然飞了回来，并且变成了两个、三个。几秒后，更多的不明飞行物出现在雷达中，开始在飞机周围做危险的盘旋，同时发出嗡嗡声。雷达显示共有十一个不明飞行物，但机组人员用肉眼却无法看清楚它们。突然间，这十一个UFO迅速组合，在飞机近距离地排成一个圆圈。机组人员感觉情况无法控制，机长马格达里诺.卡斯塔家少校不得不向基地进行汇报，并在万般无奈的情况下关闭了机上所有的灯光。在数分钟的沉默之后，那十一个不明飞行瞬间内消失在茫茫的夜空中。

幸运的是，这一惊险的遭遇过程被机组人员用红外线摄像机完整地拍了下来。机中显示，它们是一些闪光的飞行物体，排列有序，速度相当快，但动作非常灵活，转弯角度很小，是一般飞行物所无法完成的。

第七章　加拿大：在路上

1947 年 6 月 24 日，华盛顿州雷尼尔山上空，肯尼思·阿诺德看到了九个发光的圆盘状物体，在回答新闻记者的提问时他用了"飞碟"这个词。据他的估计，那些呈波浪线飞行的"飞碟"时速在 2000 ～ 2500 千米之间。这是当时人类制造的飞行器所不敢企及的速度。

39 年匆匆过去。"飞碟"一词逐渐为"不明飞行物""UFO"所代替，由此产生了 UFO 学和 UFO 学家等名词。这说明一门新的科学和一支有关的科研队伍已经崛起。

1984 年 9 月初的一天，凌晨 3 点，加拿大朋友里夏尔·格伦从加拿大给我打电话，邀我去举办五六次报告会，还要去电台和电视台录音、录像。同时，魁北克发生了两起第三类接触事件，希望我们世界尖端科学研究院去调查。

当时我正在为此书收集资料，正是送上门来的好材料，我欣然接受了里夏尔·格伦的建议，并且很快飞抵蒙特利尔，格伦在机场迎接我时就给我看了一份材料：《105 号接触》。

事情发生在 1979 年 11 月 25 日，在蒙特利尔市西边 105 号公路上，8 先生当时 37 岁。

那天清晨 3 时 30 分，8 先生离开拉舒特小城回家，平时走完这段路只要 45 分钟。

事后 8 先生接受加拿大 UFO 专家弗朗索瓦·鲍博士的调查。8 先生在第一次见面时说："半路上，一个难以描绘的声音敲击着我的神

经。在离我家只有几千米远的一个拐弯处，我感到被一些外星人抬起。我之所以相信这一点，是因为近一年来我常常做怪梦，看见自己躺在一张桌子上，接受模样古怪的人的检查。我也梦见一个巨大的飞碟载着我的汽车飞向陌生的世界。

"我记得看见一个十分明亮的物体，上边有红、绿、蓝光点，它出现在我的右边，准备在拐角处拦住我的去路，我不久就进了封锁道路的红雾之中，几乎同时冲了出来，撞在一块路牌上。

"我下车察看四周，检查撞坏的车前身。问题并不严重，可以继续赶路。我希望尽快离开这个令人诅咒的地方，我又行驶了至多5分钟，便回到了家中。我极其吃惊地发现，家里的时钟已是5时45分。这是不可思议的，因为离开拉舒特是3时30分，最晚在4时15分就应该到家。其中那段时间我干了些什么呢？"

为解开这个谜，弗朗索瓦·鲍博士请催眠专家给8先生进行数次催眠检查。魁北克两位著名催眠术专家伊万和伊冯兄弟俩出色地进行了这项工作。结果如下：

8 先生当时奔驰在 105 号公路上。他车子上方出现了一个东西，他大声对那个东西里的人喊道："让我过去！"他听到一个刺耳的声音。当进入公路上的雾障时，车子被劫。他说："我进了一架飞行器，我的汽车也在里面。真漂亮！是金属制的，地板也是闪闪发光的金属……我走了进去……我登上楼梯，真漂亮，真大，太干净了。我走进一个大厅，里边有两个人，两个像人一样的动物，非常和善。我们用心灵感应交谈，谈得很融洽……他们叫我躺在一张桌子上。他们很和蔼，我有点害怕。记得那是一男一女，他们的肩比我们的宽，脑袋比我们的大，眼睛也很大，像巴旦杏，鼻子扁平，皮肤粗糙，呈灰绿色……他们把一些东西放在我身上……进行测试……了解地球人的结构……里边有好些仪器和仪表盘……每台仪器有一根线同放在我身上的某个探测器联在一起。女的长得比男的秀气，但他们不像我们这么漂亮。他们很温和，不过他们想从我们这里搞一切情报，而不给任何东西……"

他在催眠状态下又说："我再也不愿意跟你们在一起……让我们这个世界安静些！我要走了。野蛮的人！你们真无理，这样待我太不应该了！……你们不要戏弄我们这个世界。他们道了歉，他们态度和善，也许是我多心。我要回家，让我走……"

8 先生两次抱怨被人控制起来。在飞行器上他失去了时间概念，他解释说："他们始终不恢复我的意识，不让我看清里边的东西……他们不愿意我把此事说出去。"

弗朗索瓦·鲍博士分析说："他们告诉他，要是将此事说出去，定将对他不客气。8 先生的脑子里始终纠缠着这样一个密码：6 - 1，8 - 2，6 - 4，7。没有办法译解这个密码，也研究不出它的来源。"

鲍博士详尽地调查了这个案例，并写了一部长达 200 页的引人入胜的书，题名为《105 号接触》，这是一本任何严肃的 UFO 学家必读的材料。

8 先生于 1979 年 11 月 25 日凌晨 4 时的时候被劫持进一架神秘的飞行物，这是事情的起因。25 日晨他回到自己家中。事隔一天，即

1979 年 11 月 26 日晨 4 时 30 分 "8 先生被劫持 19 个小时后"，巴黎地区的弗朗克·枫丹纳也被发光的雾 "吞没"，地点是塞尔日·蓬托瓦兹。这个巧合证明了两位当事人的陈述的实在性。当我指出这一点时，弗朗索瓦·鲍博士不禁大吃一惊，他是从当时的报刊上得知弗朗克·枫丹纳案件的。他认为目前世界上很少发生劫持案，然而，枫丹纳被劫持了整整一个星期，可惜的是此案隔了几年后才得以披露。因此，好多情况已经相当模糊，且无从查证。鲍博士在读了我的一部详细描写枫丹纳案件的书之后，感到 8 先生的遭遇跟枫丹纳的经历有不少相似之处。

8 先生和枫丹纳先生都说，劫持他们的都是 "人"，都感到有 "人" 在监视自己，害怕遭到报复。他俩都是消失在一块浓雾之中，连汽车也被劫走。他们都躺在一张桌子上受到 "人" 的检查，这说明那些劫持者正在执行某项计划，为实现某个目的而来到地球，他们所使用的手段似乎也是一致的。

加拿大的最高声音

2009 年 1 月，加拿大前国防部长保罗·赫利尔最近宣称，外星人早已光临地球，来自外层空间的不明飞行物（UFO）和人类的飞机一样真实，但美国政府和其他盟国一直在刻意隐瞒这个事实。

即将出席本月底在多伦多举行的"UFO 国际会议"的赫利尔，不久前在多伦多大学发表演讲宣称，外星人其实早就光临了地球，只不过美国政府和其他盟国一直在刻意隐瞒而已。

赫利尔披露道："和美国罗斯维尔飞碟坠毁事件有关的所有内幕都属于高级机密，大多数美国官员和政治家——更不用说盟国的国防部长——其实都被蒙在了鼓里。"

现年 82 岁的赫利尔说，美国科学家研究 1947 年英国罗斯韦尔坠毁的 UFO 残骸，开发出许多现代的科技奇迹。美国政府最近计划重返月球，并在月球上建立永久月球基地，目的正是为了能够更加有效地监控飞往地球的外星 UFO。

赫利尔表示，他的观点并非来自在国防部长任上的官方机密档案，而是根据近些年来所看到的越来越多的资料所作的分析和判断。

加拿大 UFO 会议的组织者在会前发布的新闻简报中说，前国防部长赫利尔出席会议和发表演讲，将对倡议所探讨的主题和怀疑论者带来极大的冲击和产生深远的影响。

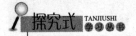

第八章　意大利：戴头盔的外星人

这起惊人的遭遇类人生命体的事件，发生在 1984 年 10 月 8 日，地点是意大利坎帕尼亚省普拉托地区的拉帕齐泰村。

第一节　化妆的疯子

1984 年 10 月 8 日，星期一，早晨，57 岁的农民朱塞佩·科科扎独自一人待在自己家里。当时，他妻子和两个儿子都去参加一位亲属的葬礼。约 7 点 30 分光景，朱塞佩先生打算到距住房约 350 米远的首蓿地，为奶牛捡些饲料来。他缓慢地朝地里走去，因为他的一条腿患有关节炎。

约 7 点 40 分左右，当他沿着地边的小路转了个弯后，忽然惊讶地发现在离他 20 米远的地方站着一个人——此人的外形非同寻常，朱塞佩立刻畏惧地停住脚步。他看到眼前的那个人有 1.2 米高，他的脑袋上似乎戴着个类似头盔的东西：圆乎乎的，颜色发暗。在他背部背着一个背包，或者说是一个箱子。其颜色与头盔相同，大小约 30 厘米长、30 厘米宽。从背包上部，伸出一根套管，它经过那人的脖颈，与头盔相连。朱塞佩还发现，另有一根套管从背包底部伸出，好像伸向那人背部，从背部与背包之间穿过。

据目击者回忆，这根"套管"的直径大概比人的手指头稍稍粗一些，约 2 厘米左右。目击者似乎还看到一根更细的管子联通着那人的鼻部与背包上端，那人浑身上下看起来毛茸茸的，像是羊毛似的。毛的颜色呈深褐色，毛长在 10~15 厘米之间，当时，那人好像正忙着用一个仪器勘察地面。那个仪器成反"4"字形，它下面的叉上有两个尖尖的头插入地里。此外，朱塞佩先生还注意到，那人"工作"的时候，曾有规律地每隔一段时间就抬起脚，像是为了使自己不至过深地陷入地里的缘故。这片地被积水弄得又湿又软，是一片泥泞地。

当时，这个农民感到很害怕，浑身直发抖，他以为面前站着的是一个"化妆的疯子"。过了一会儿，朱塞佩先生想看看那人有什么反应，故意咳嗽了几声，他试图以此打发那人赶快离开。那人听到咳嗽声，立即停止勘察，将身子转向朱塞佩先生。这时，目击者才看到那人眼睛部位有条闪着银光的又长又宽的缝。转瞬之间，那人又转过身

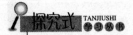

去，背朝着目击者，开始朝着榛树林中间的一片空地疾步走去。那人走动时，从其两侧射出淡蓝色的闪光——闪光像麦秆一样，长长的，有60~70厘米长。与此同时，从他身上还有节奏地发出一种声音，就像电子仪器发出的声音一样。朱塞佩吓得直往后退，而那人则消失在离苜蓿地有几米远的榛树林后面。

约1分钟之后，朱塞佩先生看到一个奇怪的飞行器沿着一条倾斜的轨迹，朝天空上升。那个不明飞行物看来是从离目击者约70米远的榛树林中起飞的，转瞬之间，它飞离到地面500~600米的高度。旋即，它转了个大弯，沿着山脊架设的高压电线飞去。这时，它显然是朝下飞，好像打算在那里着陆。据目击者说，那个不明飞行物像是一个平行六面体或是一个"箱子"。那个"箱子"的上方，有一个"碟子"，它是靠两根管子与箱面相连的。那个飞行中的物体呈深褐色，它既不发光，也无任何声响发出。不过，目击者认为，恐怕是离苜蓿地仅几米远的沙巴托河的流水声将不明飞行物发出的声响掩盖住了。

尔后，朱塞佩先生马上朝家里跑去。他从墙上取下猎枪，重又回到现场。这时，他发现地里留下许多形状类似蹄子般的脚印——显然是那个奇怪的人留下的。此外，地里还有一些分布均匀的小洞——它们是那个仪器留下来的印痕。朱塞佩先生沿着这些痕迹，一直来到位于榛树林中间的空地。在那里，他发现了其他清楚的痕迹：它们是不明飞行物留下来的。之后，他回到家里，焦急地等着妻子和孩子们回来。

当他妻子和两个儿子回来后，朱塞佩先生即让其长子赶紧去普拉托拉塞拉宪兵队，请他们马上派人来看看。但是，宪兵并没有马上就来。于是，这个农民又打发他第二个儿子去宪兵队，让他们务必派人来。

终于，宪兵来到朱塞佩先生家中。在听取了朱塞佩先生讲述经过后，他们便打着手电，来到苜蓿地勘察事件现场。次日清晨，宪兵又来到现场。这一回，米拉贝拉·埃克拉诺宪兵队连长卡拉雷利与他们一同来了，指挥宪兵对现场进行了认真的取样与测量工作：对不明飞行物着陆点面积测量，绘制出痕迹详图，用石膏复制出各种痕迹，取走现场的样土和植物。当天，宪兵把朱塞佩·科科扎先生接到普拉托拉塞拉宪兵队。在那里，这位目击者在宪兵根据他提供的材料写出的报告上签了字。

第二节　意大利 UFO 研究中心的调查

意大利 UFO 研究中心派出调查员翁贝托·塔拉里科，对目击者进行了录音采访与调查。下面是他们的谈话内容。

目击者：正当我寻找着可捡的草时，我发现了那个人，他是个陌生人，我从未见到过这种人。看着那个人，我自言自语道：怕是一个疯子吧。当时，他侧着身在勘察。而我是想咳嗽几声，让他转过身来。听到咳嗽声，那人转向我，我才看到他的眼睛部位戴着副眼镜，像是用铝制成的眼镜。

调查员："他身体有多高?"

"大约 1.2 米，或 1.3 米高。"

"当时你离他有多远?"

"大约 20 米远。"

"他在干什么?"

"他手上拿着根带叉的棒子，叉上有两个尖齿头似的东西，他晃动着这根小叉子勘测着地面。听到咳嗽声，他转过身，朝我看了看，接着，走了三四步。从他两侧射出的光，像是电焊光那样明晃晃，很刺眼。他的背部也射出一种闪光，这种闪光使我有些怕，连忙往后退。两分钟后，当我止朝后退时，忽然看到天上有个箱子样的东西在下降。它速度极快，1 秒钟竟移动了 300～400 米。它笔直地朝下降，转瞬间，它在地面上着了陆。不过，离我比较远，在树林的那一边。"

"依你看，这个"箱子"有多大呢？"

"它长约2米，宽有1.3米或1.4米。"

"它外形怪不怪？或者说它是不是一个普普通通的箱子？"

"外形一般，不特殊。不过，它的上面有一个碟状物，两根支架托着它。"

"你听到什么声音没有？"

"没有听到任何声音。我听到的唯一声音，就是那人身上发出电闪光时的声音。"

"现在来谈谈你看到的人。你说他有一个像我们一样圆圆的脑袋，那么这个脑袋大不大？"

"像我们脑袋一样大，但我无法肯定那圆东西就是脑袋。"

"有脖子吗？"

"有。"

"他的身子又矮又壮吗？"

"是的，他长得十分粗壮。不过，他身材不高，只有约1.2米高。"

"你看到其他肢体没有？比如，手臂、大腿之类的肢体。"

"我看到了手臂和大腿。他的膝盖可以弯曲，当他用仪器进行勘察时，他一会抬起一只脚，过一会儿又抬起另一只脚。"

"他手臂的长度，与他身高相比，是否相称？"

"相称。"

"你是否看到他有类似我们手指一样的东西，或者说近似于手指一样的东西。"

"我没看见。他的手握着叉子，手的颜色同身子一样，是深褐色，手上毛茸茸的。"

"他用一只手握仪器吗？"

"起先，他用一只手握仪器，后来，当我咳嗽之后，他好像是……"

"那么，他背上背着什么东西？"

"背上有个背包，从背包里有一根导管伸出来，与他的脖颈相连。"

"还有没有其他导管？"

"有，也是从背包伸出来的，不过是从背包底部伸出的。他的嘴部好像也有根小导管，同背包相连。"

"你看到那人的背部了吗？"

"他转身的时候，我看到了。"

"那个背包什么样？是一个完整的整体吗？"

"是的。"

"它有棱角吗？还是圆圆的？"

"它是一个方箱，像背包一样。"

"那人身上的毛长吗？"

"长。大约有15厘米长，全身都是，一直到脚，他有着类似驴和山羊那样的蹄子。"

"他脸什么样？"

"有一幅像是铝制成的眼镜，这副眼镜端端正正地戴在耳朵部位。"

"他脑袋什么颜色？"

"深褐色。"

"他背包中有光射出来吗？"

"没有。光是从侧面射出的，闪光的颜色同电焊发出的电弧光一样。"

"光是无规律的闪烁吗？"

"不，持续地闪，不停顿地射出。"

"可是，当你刚刚看到他时，他并没有发光，对吗？"

"是的，没有。"

"这就是说，当他转过身，看到你的时候才开始的。"

"对。我咳嗽后，他转过来。我注视着他，他开始朝后退了二三步，便从两侧发出闪光，同时发出声音。"

"他转身后，发现你没有?"

"发现了。"

"从他身上射出的闪光很长吗?"

"大概没有 1 米长，不过至少有 70～80 厘米长。闪光是向左右放射的。"

"你能否肯定闪光没从背包中射出?"

"可以肯定，闪光只从两侧射出。"

"他身上有孔洞吗?"

"这我可没注意。"

"他看到你后，没有跑吗?"

"没有。他在走，走得很快，而且步伐很小。"

"后来就没再转过身?"

"没有。我一直看着他走，他走到树林后面就看不见了。我试着找到他……这时，我发现空中出现了那个箱子。"

"那人是怎么走动的?"

"同一般人一样。不过步伐迈得很快，而且是碎步。"

"是否像孩子的脚步？"

"是的。他的步伐小，看来是因为他的身材不高，他的腿可没有你我那样长。"

"他走动时，膝盖是否弯曲？"

"弯曲。"

"后来发生了什么情况？"

"后来……后来我看到了那个箱子，它在树林后面着陆，之后，就飞走了……"

"之后，你做了什么事？"

"我回到家里，拿上猎枪，装上子弹，我装的是威力大的子弹。当我回到原来的地方时，发现地上留有脚印。再往前走，我看到了其他痕迹。我猜想，这大概是那个着陆的箱子留下的。回到家里，家中空无一人。我儿子米歇尔回来后，我就让他去普拉托拉塞拉找宪兵。由于怕他们不来，我又让另一个儿子去找，我怕的是当晚会有其他更严重的情况发生。"

第三节　分析报告

不 是 恶 作 剧

意大利 UFO 研究中心的调查员翁贝托·塔拉里科对此案进行了分析，下面是他写的分析报告。

目击者朱塞佩·科科扎，是此案唯一的目击者，他的健康与思维状况良好'尽管他有一条腿患关节炎'。从心理学的观点看，他情绪

平稳，不易激动，谈吐中肯。由于 8 个月前进行过疱疹切除术，他没有饮酒，可以排除酒后神志不清的可能。

由于他家里没有接电源，所以没有收音机与电视机，他本人很少听人讲有关不明飞行物的事。据了解，他为人忠厚，这是普拉托拉塞拉宪兵队与米拉贝拉·埃克拉诺宪兵队写在调查报告上的观点。

如果有人推测：这是一场恶作剧，那么，我不妨提出以下几个问题：

不明飞行物何以离榛树几米之外着陆，而不在空地中央落落大方地着陆？

恶作剧的组织者何以选择这样一个偏僻角落来胡闹呢？选择的时间是早上 7 点，万一碰不上人怎么办？

对不明飞行物留下的痕迹进行的仔细分析表明，那个物体的着陆装置是标准的宇航飞行器的装置。也许，恶作剧的后台是位宇航工作师？

一个平行六面体竟能悄然无声地飞离地面，升入 500～600 米空中，而且还拐了一个急转弯，飞快地消失在山脊后面，恶作剧的人难道能掌握这种技术？

开这样的"玩笑"，得有一个化妆的孩子参加，这个孩子能守口如瓶，至今滴水不漏？

综上所述，我认为朱塞佩·科科扎先生讲述的情况是可信的，我们没有任何证据说，这起事件是人为的恶作剧。

作为一名调查员，我的观点是：一起情况不明的物理现象的确于 1984 年 10 月 8 日在拉帕齐泰村发生。对于这次事件，我们尚无法按常规加以解释。

现场采样

专家们对现场采集到的土壤和植物取样，进行了伽马射线测试，这些取样分别为：不明飞行物着陆痕迹区内的土壤"样品 B"、着陆痕迹区外的土壤"样品 A"、着陆痕迹区内的杂草"样品 C"。

经测试，样品 B 的数值最高为 15COM；样品 C 的数值最低，为 2COM。根据这些结果，生物学家万达·乌泰什得出的结论是："可排除被测试的样品受到伽马射线辐射的可能，因为若受到辐射，其最低值应为 30COM。用盖革仪进行的测试亦表明，样品未受辐射。不过，不能排除样品未受伽马射线以外的其他射线辐射的可能性。"

专家们对地面上留下的痕迹进行了以下分析。

1. 类人生命体的痕迹

（1）目击者发现的类人生命体在地面上留下的脚印，杂乱地分布在周长为 30 米的范围内。脚印最初出现在小道旁的树边，最后在那个箱子着陆点消失。它们印刻在地里的形状是：一个反锥体，它直径 12 厘米，深度 7 厘米，这些脚印主要分布在类人生命体"勘探"地面的地方。

（2）还有第二种脚印：它同人的鞋印差不多，鞋后跟处有两厘米深的凹沟，鞋掌处有两个平行的边沿。鞋印长 20 厘米，宽 8 厘米，深度显然小于 2 厘米。

2. 位置

距目击者看到类人生命体西北 35 米处。

（1）勘测图中的椭圆形印迹 4 与 8，相距 2.3 米，它们的长轴 20 厘米，短轴 10 厘米，深度 8 厘米，面积 191 平方厘米。

（2）印迹 1、2、3、5、6、7 留在地里的形状呈圆锥体：表面直径 9 厘米，底部直径 4.5 厘米，深度 9 厘米，表面面积 63.5 平方厘米。

（3）这两种印迹加在一起的总面积为 763 平方厘米。

专家使用穿透计，测试了土壤承受的压力，其结果是每平方厘米承受 1.25 千克。这样，通过演算，可以得出不明飞行物作用在地面上的压力是：$1.25 \times 763 = 953.75$ 千克/平方厘米。

据此，专家们认为：

留在地上的深度，取决于不明飞行物着陆时的速度。从现在掌握的证据看，留在地上的痕迹是在不明飞行物的着陆速度接近零时产

生的。

不明飞行物对地面施加的压力，有一半通过两个椭圆印迹；留下的印迹深度相同这一点表明，不明飞行物是在同地面平行的情况下落地的。

印迹的剖面图说明，压力是自上而下，垂直地作用在地面上的。

1984 年 8 月 10 日 17 点，专家们测试了印迹区内与印迹区外的温度。1984 年 8 月 13 日 16 点，又用同样的两个酒精温度计进行了测试，其结果是：

8 月 10 日——外部地温 16.5℃

内部地温 18.5℃

8 月 13 日——外部地温 19.0℃

内部地温 18.0℃

印迹区内部地温高于外部这一点说明，不明飞行物待过的地面上留下了某种能量，即微量的红外线辐射能。3 天之后，印迹区内部地温比外部低则恰好印证了上述观点。

为测试印迹区内的土壤成分是否与印迹区外的土壤成分不同，专家们使用 Oerkin - Elmer 仪进行了光谱分析。之后，又进行了核磁共振分析，并未发现任何形式的质子。

意大利比萨大学科拉多·马兰加教授在分析之后，对记者说："对这些样土进行的测试表明，区内与区外的土壤在相对误差小于5% 的限度内，可以说是一样的。它们都没有有机物质，而只含矿物质，对这些样土进行 pH 测试，结果为 5.5。"

对于这起奇特的第三类接触事件，那不勒斯 3olaris 研究中心的专家也进行了调查。经调查，他们得知，朱塞佩先生家的家禽"鸡、兔、火鸡、奶牛、狗、猫"当时都无任何异常反应，其中包括他那只好斗的看门狗。

尽管再也找不到第二个证明人来证明本案，该中心的专家仍同意大利 UFO 研究中心的专家一样，认为在拉帕齐泰村的确发生了一起遭遇类人生命体的事件。

意大利的外星婴儿

2011 年 8 月，一则关于一名为 Gionanna 的意大利女性被外星人掠去并产下外星婴儿的消息震惊了整个欧洲。这不是一步科幻片，据称，事件发生时，这名女性才 4 岁，现在已经 41 岁。意大利的这个外星婴儿是如何出现的？据她自己称，事发时她看到一个具有金属光泽的飞碟，然后自己毫无意识地走进飞碟，随后出现了 4 个不明物体，他们说着 Gionanna 能听懂的话，告诉她不要动，他们将会对她做一些事情。在 Gionanna 的身上有三个明显的疤痕以及一些磷光，随后在做超声波的时候发现了与婴儿心率极为相似的声波，随后为 Gionanna 做流产的时候发现了 "混合物种胚胎"。

第九章　西班牙：撒哈拉之神

在 1984 年 9 月 21 日法国南部马赛港举行了法国南方宇宙不明现象研究会成立大会。会议期间全世界 UFO 研究者齐聚一堂，其中有退休后住在佩皮尼扬海滨专门写 UFO 著作的热·旺凯莱芙夫人和天体物理学家盖兰博士。在南方宇宙不明现象研究筹备中心雅克·维尔诺的安排下，马赛生物研究所的加斯东博士在会议上提出一个主题:"撒哈拉存在 UFO 基地吗"，引起参会者的高度关注。

第一节　基地上空的不速之客

记得 3 年前，即 1981 年 4 月，我在加那利群岛的富韦特文图腊岛东郊滨海城市罗萨里欧港参加一次物理讲座，当时我正在该市一所别墅里潜心写一部有关生理物理反应方面的专著。会议期间，塞尔维亚物理研究所的奥西纳教授告诉我这样一件事:

他的儿子小奥西纳在西属撒哈拉的一个空军基地服役。1976 年夏，沙漠里天气炎热，白天的户外活动被减少到最低限度，因此晚间训练比较紧张。8 月的一个傍晚，机场上飞机起落频繁，小奥西纳在指挥塔里望着机场上空镇定而有条不紊地指挥着训练。7 时 25 分，从东部沙漠上空突然飞来一个庞大的发光物，其规模比他们的飞机要大好几倍。它向刚起飞的一架飞机高速撞去，那飞机紧急呼叫，同时升高避让，发光物骤然停住，悬在天空不动，仿佛是在物色新的袭击目标。果然，不到 1 分钟后，它又向返场的一架战斗机追了过去。那架战斗机急速降低高度，采取紧急着陆措施，降落在备用跑道上。

这时，机场上的雷达测到了该庞大物体的回波，基地司令部也得到了通知，小奥西纳奉命坚守岗位，紧急呼叫邻近机场，命令在空中的所有飞机尽快离开基地空域，到附近的机场做临时着陆，停止一切飞行课目。当飞机全部飞走后，那个发光物就高速返回东边，消失在沙漠上空。

奥西纳教授告诉我说，他儿子跟他讲起过许多起同类事件，那些不速之客都从东部来，窥视基地后又返回东部沙漠，基地长官下令禁止大家议论此事，不准在信中叙述基地上空的怪事，但哪里禁止得住？每发生一起，人们就在私下议论纷纷。基地的飞行员曾奉命追击过一个陀螺状不明飞行物。事情是这样：1979 年底，一架飞机正在机场上空演习，突然一种奇怪的黄光射进了驾驶窗。驾驶员向光源看去，只见空中一个陀螺状物体高速自转，发出灿烂的黄光。机场指挥塔立即发现了它，便命令飞行员注意观察。那陀螺始终跟飞机保持一定的距离，看上去并不想袭击飞机。指挥塔观察了 1 分钟后决定，让空中那架飞机先做向不明飞行物靠拢的动作，然后突然加速逼近它，迫使它降落。飞行员奉命向陀螺靠拢，但陀螺以飞机的相同速度离去。飞机突然加速飞去，陀螺向东方天空退走，飞机追了一阵后奉命返场。陀螺向东方天空退走，转眼就不知去向了。

这件事在基地内掀起轩然大波。空勤人员对多次骚扰机场的飞行物性质莫名其妙。但大家猜测，在阿尔及利亚南部撒哈拉沙漠的一隅，也许存在着一处秘密的不明飞行物基地。

奥西纳教授是物理学方面的权威，他对不明飞行物的真伪一向不置可否，但在罗萨里欧港物理会议期间他对我讲述上面这些案件时，神采飞扬，语气肯定，显然，他是相信在空军基地服役的儿子的话的，也就是说，他相信不明飞行物的存在。否则，他为什么在会议结

束跟我分手前，特意到我的别墅来对我说："我跟你说的那些怪现象可要保密，但不妨研究一下。"

说者无意，听者有心。奥西欧教授的话常常萦绕在耳边，我心里渐渐出现了一个问题：撒哈拉腹地真有什么 UFO 基地吗？

第二节　采风瓦兰堡

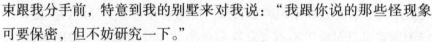

1984 年秋，我正是带着这个模糊的问题去阿尔及利亚沙漠重镇瓦兰堡参加一个太阳能会议的。此行我梦寐以求，早在几个月前就想到

沙漠中去搜集材料。

我下榻的客店有一个上了年纪的侍应生，给我的印象是勤快、纯朴、饱经风霜。一个晚上，我约他在我的房间里聊天，寒暄之后，话题自然引到了不明飞行物这个问题上，他不懂飞碟、UFO 这些名词，但一提起空中发光物体，他的谈兴就浓了。他跟我讲了许多案件，其中一起令我吃惊。

有一年（他记不清哪一年了），镇民们在镇西侧的广场上狂欢，时近午夜，大家尚未尽兴。突然，广场上的彩灯（电灯）一齐熄灭，镇子里的发电机也自动停止运转。人们惊叫起来，开始有些骚乱。正在这时，镇上空亮起两个东西，一个像鞋状，一个像捣米谷的棒槌。鞋状亮物在前，棒槌物在后，无声无息，缓慢移动，它们都发着看上去很柔和的黄光。乱叫乱跑的人群立即停了下来，翘首观望，好不奇怪。两个奇怪的飞行物照得全镇和广场一片橙黄。它们飞过瓦兰堡和广场，在不远处又折了回来，从原来的路线飞过镇子，消失在塔哈特方向。可是，镇民们还没有收拾完广场上的东西，东边天空又亮起一个庞大的灯笼一般的物体，它发着淡红色的光，一纵一纵地飞入瓦兰堡上空。在那里悬停了约 2 个小时后，就沿原来的路线返回塔哈特山方向去了。人们的印象是，那个山里似乎有一个指挥机构，两次派飞行物来观察地面，或是为了助兴。

当发光物进入镇子上空，镇内的发电机和电灯都自动关闭，它们离开后，机器恢复运转，电灯复明，镇民们无不惊奇万分。

他们感到不可思议的是，为什么在天上飞的东西没有翅膀，为什么没有声音。其实，他们不知道这正是 UFO 的两大特点。

经这位阿卜杜勒老人的介绍，我认识了镇子里的一个卡车司机阿姆拉，我在会议结束后拜访了他。

"听阿卜杜勒先生讲，你在塔哈特山附近的一个村子外公路旁遇见过奇怪的发光物。"

"是的，在祖伊哈特村外的林子附近。"

"什么时候？"

"1970 年，也许是 1971 年，夏天的一个凌晨。"

"请详细谈谈。"

"我和我的弟弟开车去塔曼拉塞特购买建筑材料，于凌晨 3 时多来到祖伊哈特村旁，在离公路约 400 米处有一个矮树林。我正开着车，弟弟坐在我旁边打盹。开过一个拐弯处，我看到村子旁有两个像帐篷一般模样的极明亮的东西，我以为是汽车旅馆什么的，于是用脚推我的弟弟，他醒后朝窗外看去，也发现了那两个东西，我就向路边靠去，关上车门我们就向亮光走去，想喝杯茶或咖啡，可是，我们感到那亮物的光太强，电灯不会这样雪亮的……"

"什么颜色的光？"

"白颜色。而且帐篷般的亮物在颤动，好像是一台开动着的机器。"

"是机器吗？外部结构怎样？"

"像是大半个气球，或者说像两只巨大的扣在地上的碗。外表银白色，很漂亮。"

"请继续讲下去。刚才谈到关好车门向亮光走去。"

"我们从一片烟草地穿过，还没有走出 50 米，亮物的光突然增强，外壳好像冒出火苗似的，它们一下子拔地起飞，升到半空，我们还没来得及看清它们的底部，它们就上下翻转，向山脉方面飞去，落入重山之中。"

"你们没有跑过去看看停落点吗？"

"没有。我们从没有看见过这么大这么怪的飞行物，再说，当地流传着山里有'飞怪'的说法，我们很害怕，赶紧爬上车就离开了那里。"

瓦兰堡之行使我明确了原有的疑问，撒哈拉有没有 UFO 基地便成了我们 UFO 探索中的一个研究课题。

第三节　与撒哈拉共生

1984年9月马塞之行为我提供了良好的机会，使我得以跟法国同行们一起探索上述这个课题。同我长谈的加斯东博士的父亲是法国在阿尔及利亚西部的侨民，他每年都要去那里看望父母亲。因此，有可能了解不少发生在那里的案件。

第一个案例：一个叫古里姆的男子，带领同村两名青年深入沙漠打野骆驼。有一天晚上"没有具体年月"，在追赶一群野骆驼途中，他们在艾索里卜小绿洲附近的沙丘坡面歇脚过夜。半夜，他们的骆驼突然站了起来，蹄子的声音将古里姆他们惊醒。他们三人睁开眼就被亮光惊呆了。空中悬着一个胡萝卜形状的发着耀眼亮光的东西，看上去大小像一架直升机。它发着咝咝的声音，但不刺耳。古里姆觉得这东西奇怪，但又不敢出声，默默地望着"胡萝卜"。不一会儿，它开始向东移去，然后从垂直状态改为水平状态，像一艘汽艇加速离去。几分钟后，古里姆他们看到东边突然火光映天，轰隆一起巨响，随之一片寂静。

第二天，古里姆一行三人继续追赶野骆驼，路上遇到几位当地的居民，都说头天夜里看到东边有火光，还听到爆炸声。可是，他们没有兴趣去调查究竟在什么地方发生了"爆炸"。

第二个案例：一位生活在阿尔及利亚内地的突尼斯侨民优素福曾在阿姆吉德堡遇上这样一件事：1979年12月14日，中午刚过，优素福驾着摩托车到阿姆吉德堡郊外的一个河湾旁休息。刚把车子停在一个土坡旁，正在绕过河湾去一片小林子时，看见林子后边有一个闪着银光的东西。他觉得好奇，便要穿过树林过去看。他目不转睛地盯着它，一边加快了脚步。透过树缝他看清那个东西像伞一样斜支在地

面，下边有三个支脚。优素福开始跑步过去，出了树林，斜停在一个土丘上的东西就看得十分清楚了。它的伞面直径约 4 米，中间有一圈颜色较深，整体发着银白色的光，但也许是反射光。优素福是个勇敢好奇的人，他想走过去看个究竟，于是就飞跑过去。谁料当他快要到土丘底下时，他的两条腿突然发软不听使唤了，耳朵开始嗡嗡直叫。他站在原地动弹不得，这时，那个伞开始竖直，同时浮起，优素福看到那原来是个大圆盘，下部有三个支脚一样的东西。它飞入高空后像一道闪电似的向南掠去，眨眼之间就不见了。

第三个案例：牧羊人乌尔姆兄弟俩全年有一半时间在撒哈拉沙漠中几个绿洲间往返放牧，碰上一片草场，就要停下来搭个简易帐篷住上几天，让羊群吃得饱饱的。1978 年秋，他俩在提迪克勒特绿洲的一条溪流边扎营。一天晚上 21 时，他们在河岸上燃起篝火，架上烤肉杆，开始烤羊腿。不料来了一阵风，刮得火星四飞，哥哥向四野张望，看到头顶空中有一个黑乎乎的东西正在盘旋，他叫弟弟观看那是什么东西。因为天黑，只见一个浓黑的东西在动，但看不清它的轮廓。那上面一点亮光也没有，也不发声，只是有一股气浪吹得火苗乱跳，地上的草也在摇动。哥哥听人说过 UFO，看见亮光不愿意离去，便踩灭了火堆，那个黑乎乎的物体此时变成黄色，且渐渐发亮，两位牧民这时看到，那个东西呈圆盖形，顶部较亮，发着黄光，无其他颜色。它在周围转了几圈后向东南方飞去，很快就消失不见了。乌尔姆兄弟钻进帐篷，一夜未敢出来。

第四个案例：这是一起大形雪茄形 UFO 事件，目击者数十人。

1977 年 8 月 24 日凌晨，阿尔及利亚塔曼腊塞特省艾固库杜尔克镇的早起者已经三三两两走上街头，几位老者在咖啡馆门外的街面露天坐席上喝着一天的第一杯浓茶，啃着刚出锅的肉煎饼。在这个宁静的沙漠小镇里，突然有人奔跑起来，一边喊叫："快看哪，天上来了怪物啦！"他们这一叫喊，不少人走上街头，向空中看去，果然在3000 米高空横卧着一个多色圆珠笔一般的东西，两头稍尖，中间鼓起，更像一只梭子。这东西并不发光，在晨曦的薄熹中显得有些灰暗，有很明显的金属感，是铅制的还是铝制的实在看不清，而且离得较远，难以分辨。它的实际大小恐怕有两架大型客机那么长，高与长很匀称的。在街上的数十人不说话了，默默地看着它从镇南侧空中徐徐飞过。当它消失后，大家就议论开了。据最先发现不明飞行物的镇政府电工卡鲁姆说，他正在变电所值班，突然发现变电器直打火花，他立即查看线路，刚到户外就看见空中有一个小亮光，后面是一根胡萝卜般的东西。他盯着它看了片刻，飞行物掠过变电所后，火花现象就停止了，他上街边跑边喊起来。他的观察时间最长，大约有 3 分钟。

据在镇外赶路的一位骑自行车者说，他看到那个飞行物时，听到一声轻微的爆炸。他断定那声音是从飞行物传来的，当它远走后，声音就听不到了。

第五个案例：阿尔及利亚阿德拉尔省中部一个四面被撒哈拉大沙漠包围的村子格布尔，于 1974 年 3 月曾遭到了一群不明飞行物的袭击。此事的后果十分严重，法国《夜空光芒》派调查员克洛德·莫热到该村做了调查。他的报告如下：

●格布尔事件

时间：1974 年 3 月 13 日上午 10 时 05 分。

地点：阿德拉尔省格布尔村。

目击者：该村全体村民。

事件经过：那天上午 10 时左右，格布尔村天空晴朗，无风无云，村民们忙着准备下地干活（当时刚晨祷完毕不久）。忽然，大风骤起，天空像一块巨大的铁皮被敲得隆隆作响，震耳欲聋。大家十分奇怪，正在纳闷之际，村北上空飞来三个庞然大物，发着蓝光，成不规则的三角形，列队进入林子空域。隆隆声越来越大，风越刮越烈。村民们纷纷躲入家中。就在这时，不幸的事发生了，列队飞过的下方屋面的瓦被一股强大的吸力拔出，在空中乱飞，跌落在村道两旁，在村外的两头牛被砸死，十多人被砸伤，一些树木被连根拔起，有几间木板房被卷入空中。当不明飞行物离去后，村子里一片凄凉，房屋遭到了严

重的破坏。

一位叫阿卜杜勒的村民在躲进就近的一家屋子时，正好被一块瓦砸在背上，他当即晕倒在地。

事情发生后，专区医院医疗队进村，为受伤者包扎，整整忙了一天。

我在村子调查时，看到好些房子被揭去了瓦，村子里仍散落着不少破瓦。可见事情之严重。

第四节　大西国之梦

读罢数十个案例的材料，我感到撒哈拉沙漠确实是一个 UFO 频繁出没的地区。而且，事情往往发生在撒哈拉沙漠的南部，那里人烟稀少，地域辽阔，是 UFO 起降的理想之地。我同加斯东博士就撒哈拉 UFO 基地问题展开了认真讨论，我们所了解的有如下几种推测：

法国考古学家孔德博士推测说，撒哈拉沙漠上空所以如此频繁地出现不明飞行物，并不能说明沙漠里有 UFO 基地。他认为，出没这一带上空的不明飞行物均来自非洲大陆西边的加那利群岛和附近海域。他在《大西国寻踪》一文中说"在昔日被人称为"海格立斯擎天柱"的直布罗陀海峡的海面上，即在葡萄牙和摩洛哥海岸之间，横展着一块陆地，叫做大西国。

大西国人把首都设在陆地的东南海岸，名叫大西城，是由一个中央岛构成的，那里有为该国缔造者建立的寺院、王宫、华丽的建筑物。首都周围有三条土堤坝，呈圆形，堤岸之间由能够相通的沟渠隔开，最近一条渠道又同大海相连。堤坝的外圈是大墙，墙外是通向海洋的护城河。

大西国的王公们定期举行宣誓仪式。他们建立了一个繁荣强大的国家，一个高度文明的国家。但是，这里的人被征服别人的贪欲迷住了心窍，他们开始向欧洲和近东发动了进攻。后来发生了一场史无前例的大地震，墙倒塌了，洪水淹没了大西国，岛民们就成了海底居民。

出入加那利群岛一带的 UFO 就是海底大西国居民遨游空间的乘具。由此可见，沉没了的大西国是 UFO 的基地。

西班牙的 UFO 研究者唐阿尔纳先生经过长期的研究认为，撒哈拉沙漠在很久很久以前是一片郁郁葱葱的富饶平原。卫星红外照片和考古发掘证明，沙漠下有好几条古河道。这片古平原上居住着具有发达技术的民族，他们的科学高度发达，为我们留下了今天仍然令人迷惘的埃及金字塔。可是，这个民族犯了个极大的错误：为建筑雄伟的金字塔，滥砍滥伐了今日撒哈拉一带的森林，结果植被破坏，水土流失，烈日使山岩成沙，土壤也很快沙漠化，河流枯干，昔日的绿洲为广袤的沙漠所取代。原先的居民立即逃进山里或构筑地下王国。因此，撒哈拉地下有一个古老民族的聚居处，UFO 就是这个民族的空间飞行器。

大部分探索者，包括我在内，认为上述两种推测是"空对空"，从假设出发，又以假设结束。这种科研态度是不足取的。

大西国的存在是一个十分渺茫的谜，它的真实性是很值得怀疑

的。从这样不可靠的假设出发，认为频繁飞越撒哈拉的 UFO 来自加那利群岛海面，这是不值得相信的。

至于建筑金字塔的居民在地下形成了一个聚居点，乘坐着 5 - FO 游弋地球空间这种假设，我认为也是不可取的。在当今电子时代，各种探测地球的卫星日夜绕着地球飞行，地下王国的使者冒出地面飞出天空，是瞒不过红外探测仪和电子仪器的。

我和加斯东博士认为，撒哈拉沙漠是 UFO 现象的高发区，但这并不能说那里存在什么 UFO 基地。因为 UFO 的飞行速度极大，它们完全可以从别的地区飞经那里。再说，沙漠上空往往容易出现 UFO 现象，如澳大利亚的沙漠地区、中国北部和西部沙漠地区等均有大量的 UFO 现象。这个问题值得我们联系起来研究，比如说，UFO 跟沙漠地带的地质结构、气温、磁场有关系。

作为物理学家，我和加斯东探讨所谓 UFO 基地问题时我往往从物理学角度来研究，而他又愿意从生物角度来分析。如果我们能从多学科角度来综合研究 UFO，那么也许会更有效地揭开 5 - FO 之谜。

第五节　三毛的旁证

我见过飞碟

20 世纪 80 年代初期，已故中国台湾著名作家三毛写信给美国 UFO 学家、美国空中现象研究会亚太地区 UFO 调查全权代表、曾担任世界上发行量最多的 UFO 杂志——《飞碟探索》主编的林文伟先生，介绍了她目击 UFO 的情况。

信中称在西属沙漠的西内罗城镇，约 1974 年 7 月 16 日前后，在深夜，她先后两次目睹了神秘莫测的 UFO 的倩影。

这封发自三毛客居地——加那利群岛（三毛与她的丈夫荷西在这里也多次看到 UFO）的信，还提出了一个令 UFO 研究者感兴趣的观点：沙漠是地球上一片相对比较无人的地区，所以 UFO 常来。

事实上，三毛的这一说法并非空穴来风，西方的 UFO 学家早已注意到了沙漠中的 UFO 现象，并且认定沙漠中有 UFO 基地。

UFO 学家们提出了"沙漠基地说"的三个理由：一是 UFO 着陆地点的需要；二是避免与人类发生正面接触；三是沙漠是地球陆地的一个重要组成部分，是一个重要的研究对象。

飞碟是与非

在此之前，三毛同台湾的围棋高手、物理学家沈君山博士，有过一场关于 UFO 的辩论，结果谁也说服不了谁。

三毛说，她确实看见了 UFO。

沈君山说，三毛看到的是"海市蜃楼"，并认为"飞碟只是星光

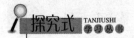

下一个美丽的故事"。

三毛说："UFO 的确有的，沈先生说这是我的幻觉，实在令人啼笑皆非……"她坚信自己看见的一切"非常清楚"。

三毛不无感慨地说："我遭遇过很多很多科学无法解释的事，第六感并非答案。

"我始终认为，到目前为止，人类的科学知识还是有限的。

"在另外的世界里，也可能在我们所处的环境中，或许存在着一个我们无法证实的世界呢！或许还存在我们迄今有限的想象力所无法想象的一个世界呢！"

谁又能说三毛的话没有道理呢？

三毛给林文伟的信

林先生：

谢谢您的来信，与沈君山先生的讨论如果能够在刊出后寄给我一份，当十分感谢！

OVNI（注：西文 UFO 的简写）的确是有的，沈先生说这是我的视觉上的"海市蜃楼"，实在令我啼笑皆非，因为个人住在 SAHARA 大沙漠中两年，"海市蜃楼"当然常常看见，那是不同的。目前我住在沙漠对岸一百公里的 CANARY 群岛，此地 UFO 之说十分普遍，我们的解释是：沙漠可能是地球上一片比较无人的地区，所以 UFO 常来，略一偏向，便可在 CANARY 岛上看见。我的朋友中有一对夫妇西班牙人，他们是此地邮局局长，也曾先被通知（接触方法太神秘，他们不愿说），然后看见，以后他们告诉了朋友们，UFO 中的（不知称他们什么才好）还会不高兴，接触便断了，这只是一个例子。另外有人被抓去，失去了两小时的时间，是在 Tenenife 岛，非常有趣的。照片我不曾拍，当时看见球体，透明色，很大，圆形，不很高，无声，不动，全城停电，车发不动，是大约七八点钟，并不是天黑，是黄昏，在西属沙漠的 Villa Cinero，约在 1974 年 7 月 16 日前后。（日期可能有偏差，年份与月份不会错，因我是7月9日结婚，然后去沙漠小城度蜜月）。因为完全不惧怕，也没有情绪上的紧张，只是呆看约四十五分钟，所以根本未去拿相机，后来看烦了，走开去，再回头，那个UFO做一个直角飞行，一掠不见了，这事发生时我神志非常清楚，事后也不太回想。

另一次是在沙漠夜间，深夜。天空出现橘色飞行体，发出子弹似的小东西，如母机又分出小机在飞，我害怕，伏在沙上，很紧张，又在笑自己不能确定，同伴有沙漠朋友们，可是这一次是非常清楚的。

谢谢您的来信，UFO事件CANARY岛很多，可是亲眼看见的朋友中只有两个，其他是报上及电视访问中见到。

祝

安吉

三毛

亚特兰蒂斯

它在梵蒂冈城国保存的古代墨西哥著作抄本（即《梵蒂冈城国古抄本》）和存留。至今的墨西哥合众国的印第安文明的作品中，也有过类似的叙述："地球上曾先后出现过四代人类。第一代人类是一代巨人，他们毁灭于饥饿。第二代人类毁灭于巨大的火灾。第三代人类就是猿人，他们毁灭于自相残杀。后来又出现了第四代人类，即处于"太阳与水"阶段的人类，处于这一阶段的人类文明毁灭于巨浪滔天的大洪灾。

现代科学发现，在大洪灾之前，地球上或许真的存在过一片大陆，这片大陆上已有高度的文明，在一次全球性的灾难中，这片大陆沉没在大西洋中。而近一个世纪以来，考古学家在大西洋底找到的史

前文明的遗迹，似乎在印证着这个假说。在民间的说法中，人们把这片陆地叫做"大西洲"，把孕育着史前文明的那个国度叫做"大西国"。其实，科学界早就给这片神秘消失的大陆命名了，那就是沿用了柏拉图提出的名字：亚特兰蒂斯。

柏拉图在他的著作《对话录》中，记录着由他的表弟柯里西亚斯所叙述的亚特兰蒂斯的故事。柯里西亚斯是苏格拉底的门生，他曾在对话中三次强调亚特兰蒂斯的真实性。柯里西亚斯说，故事是他的曾祖父从一位希腊诗人索伦（Solon 约 639－559BC）那儿听到的。索伦是古希腊七圣人中最睿智的，索伦在一次埃及之旅时，从埃及老祭师处听到亚特兰蒂斯之说。对话录中的记载大意如下：

在地中海西方遥远的大西洋上，有一个以惊异文明自夸的巨大大陆。大陆上出产无数的黄金与白银，所有宫殿都由黄金墙根及白银墙壁的围墙所围绕。宫内墙壁也镶满黄金，金碧辉煌。在那里，文明的发展程度令人难以想象。有设备完善的港埠及船只，还有能够载人飞翔的物体。它的势力不只局限于欧洲，还远及非洲大陆。上面这幅壁画发现于阿克罗提里城中。这座城在 3500 年前因圣多里尼火山爆发而遭埋没，于 1967 年自火山灰中挖掘出来，似乎描述的是正前往北非贸易的船队。在一次大地震之后，使它沉落海底，它的文明随之在人们的记忆中消失。

第十章　波多黎各之兽

　　从 1967 斯基皮案件开始，美国动物肢解残害事件长达数十年之久、范围涉及全美乃全球。那些被肢解的牲畜身上的伤口十分整齐，似乎是用激光刀割的。还有一点是内脏被掏空，而且始终是消化系统和生殖系统的内部器官被掏走，牲畜的眼睛、耳朵、舌头和奶牛的乳头常常不翼而飞，血被抽干，而附近一点血迹也没有。而且许多目击案中总伴随着黑夜里不知名的直升机。

　　1994 年，一种新的 UFO 残害现象首先出现在波多黎各，然后蔓延至美国和墨西哥等一些讲西班牙语的社区。这次的主角也许更加可怕，人们称其为吸血兽。有人说它是实验室里逃出的半成品，有人说它是被人类文明逼出的森林物种。

第一节　吸血兽在行动

　　实际上，有关吸血兽的故事可能开始比 1994 年还早。早在 1989 年，有关吸血鸟的报道就在整个波多黎各出现了。根据一些报道，政府官员称这种鸟原属于这个岛，当时已经通过将公鸡爪子移植到它们的鸟嘴上而被改变了。这个可能的解释好像使公众感到很满意，有关吸血鸟的报道从此就在公众中消失了。

但是 UFO 的报道并没有消失，波多黎各一直是 UFO 活动的热点。在 1990 年和 1991 年，拿古纳是许多 UFO 现象的出事点。许多观察者都相信拿古纳是一个通向存在于深水下的地下基地的出入点。

暗夜兽影

波多黎各的其他地方也有国外的飞行物光顾。1995 年 5 月 19 日，毛瑟·皮卡特说有一个灯光通明的 UFO 在镇上飞过，它照亮了整个岛屿，几分钟内它就消失了。皮卡特说这个物体并不像他曾见到的商业的、私人的或军事飞行物。

1995 年 11 月 19 日，一个巨大的发光圆盘盘旋在波多黎各中心巴然魁特的普拉瑟广播发射塔上空，这个圆盘直径有 12 米，并有一排黑窗户。很明显这个不明飞行物影响了广播站的电子发射，使得数据乱跳，甚至激活了作废的或备用的设备。

当不明发行物盘旋在广播发射塔的上方时有许多目击者看见了

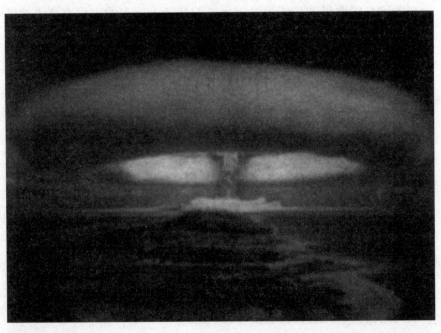

它。从事调查这一事件的杰格·马丁报道说，波多黎各广播电视报道了这一事件，但没有注意到在这期间，有许多目击者看到了许多小的不知名的动物。至于政府官员提供的作为吸血兽的各种各样的、世俗的解释，这一信息后来将是相当重要的。

1994年，有很多有关三角形的不明飞行物现象。如此多的这类现象使得一个小城镇的一位市长要求克林顿总统进行调查，这个要求不知是没有到白宫还是政府就没有进行调查。

然而，广泛的此类现象的报道给许多此区域内的城镇和乡村制造了一个不安的环境。UFO观察者还有一些好奇者都涌进这一区域，希望能见到飞行的"圆盘"。虽然在波多黎各之外，这类现象并不很有名，但居住在岛上的人却意识到正在发生什么。

还有许多其他的现象，只是因为不具有代表性，且与目击者、UFO调查员提供的其他报道相似，所以没有列出许多相似的报道。事实上许多波多黎各的居民在1993年和1994年意外见到不明飞行物有数百次，包括三角形的飞行物。

野兽现身

第一个有关动物神秘死亡的报道是在1995年3月11日公开报道的。当时有八只羊的胸口都发现有奇怪的小洞，它们的血都被吸干了。在这个地区没有人见到或听到任何异常的东西，也没有奇幌的动物或不明飞行物。

第一个有关吸血兽的现象出现在1995年3月26日。当时杰米·特瑞注意到有一种动物栖息在一棵树上，特瑞描述说这种动物有一圆的但无毛的脑袋，有一双大而斜的黑眼睛，还有尖锐的爪子和一个尾巴。它朝特瑞嘶叫了一声后从树上跳下，跑进了热带丛林。特瑞说这种嘶叫使他感到昏昏入睡且四肢无力。

在那不久后，也就是1995年4月2日，一大群人都见到过一只90厘米高的褐色的动物。不久就使这些目击者感到昏昏入睡，而且使

他们得病，据说其中有一小孩死了。

春末夏初，有更多的有关动物奇怪死亡的报道。到了 1995 年 8 月，大约有 150 头动物的死被归因于吸血兽，但到了秋季，这类故事才开始广泛流行，且有些报道出现在大的日报上。

生死攸关

到了 11 月初，有关吸血兽的报道以更快的速度出现。11 月 1 日，警员亚伯拉罕·贝报道说他发现一头单眼山羊脖子上有一个奇怪的伤口。根据这个警员的报道，这头山羊并不明显证明是被狗咬死的，在它体内也没有出血的证据。

同一天，废旧物堆积场的主人卡克·德·杰萨刚打开圈，当他要喂食的羊、鹅没有立即出现时，他愣住了。这些羊、鹅都死了。卡克·德·杰萨告诉记者，"吸血兽是一件严肃的事件，并非一件轻率的事，政府应该更加注意这一奇异的、生死攸关的状况"。

第二天，安格拉·雷杰告诉记者，她的狗昨晚被杀死了。当她通知她的邻居安格拉·桑提高时，她被告知，有两只死猫被发现了，血也被吸干了，看起来体内什么也没留下。她说在晚上她听到了搏斗的声音，但没有出去看个究竟。她太怕了而不敢离开房子。

对动物尸体的检查表明，它们都是被同一种野兽所杀。当将这些伤口与吸血兽有关的那些伤口进行比较时，知名人士说它们有一个正确的一致性。

1995 年 11 月 6 日，有两个在傍晚钓鱼的人说，他们听到了在他们身后的密林中有响声。路易丝·高德路普说他看见一头可怕的、像鬼一样的动物。它长有大耳朵、明亮的大眼睛，还有大爪子和翅膀。

当吸血兽在树梢上飞着追他们时，他们沿着河边逃。他们到了一所房子，其中一人拿了一把大刀。吸血兽歇在附近的一个笼子上准备突袭。但它还是跳到地上逃进了森林，留下一排深深的脚印。

第二天，一农场的主人维克特·奥提说吸血兽杀死了一只猫、两头羊，很明显还吃掉了一头跛脚的羊。虽然地上全是泥，但没有脚印，相反有一些激烈搏斗的痕迹。

第二节　魔影蔓延

整个 1995 年的 11 月和 12 月，相似的传说都在讲着。至于这一点，动物的屠杀每天都在被报纸、电视台、广播台记者在报道。

吸血兽的模样

在那些报道中，吸血兽被描述为有双脚的恐龙，但没有明显的尾巴。它的头是椭圆形的，有两只大眼睛，有时报道为在黑夜里能发光，眼睛是黑红色，它有两个鼻孔和一张小嘴，嘴里长着突出的长的尖牙。有些报道说它有小的尖耳朵，但大多数目击者未曾见过。虽然有些目击者说它长满了粗的黑毛，但有些人说它能改变颜色以与环境协调。从它的头部到背的中部有一排刺。它通常被描述为较小，不超过 90 厘米高。

这种动物有两只带有三个指头的手臂，也就是爪子。脚上也有很长的爪子。据说吸血兽跑得很快，一跳能跳 6 米左右。它的毫毛或刺一直长到背部，好像能摆动，所以有人认为它能飞。

到了年底，吸血兽已从波多黎各转移了。1995 年 12 月 21 日，在俄勒冈州的克拉马斯河附近，发现了一头怀孕的小牦牛，它的右耳、脸上的皮被割走，舌头沿牙齿被切断，四个乳头也被割走，只在乳房上留下几个黑圈。在切除的地方和地上都没有一滴血。

1996 年 1 月 4 日，在密歇根州的爱克贝拉发现了八头牛的僵尸，其中有两头的皮从头到蹄子都被剥走，另六头只是剥走了脖子下的

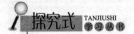
皮。它们都是生下来一星期左右。

1996年1月7日，克拉马斯河再次发生残害现象，一头生下来一星期的小牛被发现，它的右耳被切，整个皮都被剥了。

嗜血者

在这些事件开始，在波多黎各发生一年后的三月，据说在迈阿密的西北郊区发现了40只动物被杀死了。有一妇女说他听见了一头像狗的动物停在空中，它还叼着两只短臂。

5月初，吸血兽到了德克萨斯州的路格兰德村庄。一只小山羊死了，在它的脖子上有三个洞口。这些报道都是有关吸血兽的现象，同时也作为吸血兽已移居到德克萨斯州的证据。

5月2日，吸血兽在刚过德克萨斯州的埃帕索的边界的墨西哥的

Juarez 发现。第一次在波多黎各之外有了此类动物的详细描述：它看起来是一只从头到背部都长有刺的袋鼠。它手和脚有三爪子。有些目击者观察到它有一个从嘴里突出的管状的器官，那就是"吸血工具"。大体上，这种描述与在波多黎各的吸血兽相吻合。事实上，说它像袋鼠是比过去更生动的描述。

5月3日，在墨西哥北部，据说有一只巨大的像蝙蝠的动物使一个村庄的人感到恐惧。每天都发现被吸干血的山羊尸体。这个地区的农夫和家畜主组成了武装警察已在夜间巡逻。人们被警告，晚上要待在家里，因为无论这是什么怪物，它都已攻击了人，至少据说它攻击了一个人。

1996年5月初，在墨西哥的其他地方，有更多的有关吸血兽的报道。例如，在西拉罗发现了死牛、死羊。有人见过一只30厘米到半米大小的小动物，据说它能飞。虽然小了些，但一般来讲，它的描述再一次与吸血兽很吻合。

来自西拉罗的新闻引起了更多人的注意。据当地的报纸报道，警察曾面临着一只动物的威胁，并开火了，这只动物转过来盯着他们，警察说它有一副人脸，红眼睛。它跳上篱笆，然后就消失了。很显然警察未能打伤它。

幸运的人

当地报纸也报道了有许多幸存于攻击的人。他们说他们被一黑影所吞噬，然后就失去了知觉。他们身上的一些像大弹孔的标记被拍了下来，然后在整个墨西哥播放。这些报道正开始与一千年以前在东欧流行的有关吸血鬼的故事相似，难道这一点有必要指出来吗？

在墨西哥的农业部的政府发言人朱·伯瑞说这些攻击都是狗和狼的攻击。关于攻击再没有其他的官方说法，但死亡的动物数量还在继续上升。

5月10日，佛罗里达的许多人说他们见到了这种动物，它还攻击

了家禽。两天后，也就是 5 月 12 日，一条来自墨西哥的消息说，有 28 只羊发现死了，且在它们身上都有些孔洞。

这类故事继续在流传着。当来自波多黎各的报道慢慢消失时，它们却在墨西哥和美国的西部死灰复燃。有来自亚利桑那州的图森、犹他州南部、加利福尼亚的报道，还有些报道来自东海岸的纽约和波士顿那里的讲西班牙语的人。

这些传说占了城市传奇文学的很大部分。有许多故事，他们某些都能追溯到同一渊源。但是证据好像很不足。是的，有许多动物被杀死了，但是这些描述中的一部分与 20 年前在美国报道的牛的残害的模式一致。事实上，来自克拉马斯河的事件好像与牛的残害联系得更紧密，而不是吸血兽。一个短时期内，任何动物的死都与吸血兽联系在一起。

第三节 生化怪兽

这也引出了第二个思考的问题来。历史上还有相似的攻击吗？吸血兽好像在 1995 年以前就被发现过，然而，历史都被一些类似于吸血兽的野兽的故事弄得乱七八糟，但我强调的是相似的部分。

从未消失

20 世纪 70 年代中期，在德克萨斯州南部就有人见过像吸血兽的动物。在德克萨斯州的桑本尼特的警员阿特罗·帕底拉说在 1975 年 12 月 28 日清晨他见过一只很大的，长有翅膀的动物。帕底拉是在一个有雾的早晨看到这只动物在灯火通明的街道上空飞翔。他告诉记者说，它呈白色，翅膀展开有 3.6 ~ 4.5 米。它要比据说也能飞的那一种吸血兽要大些。

1976 年 1 月 2 日，在德克萨斯州的哈林顿郊区的泥地上发现有三趾的脚印。这些看起来是很大的鸟留下的脚印。它宽 17 厘米，长 30 厘米。那天，有两个正在田野上玩耍的女孩看见了这只有红眼睛、尖嘴的黑色的大鸟时。她们用望远镜发现了这只鸟，但当它好像要靠近她们时，她们逃进了房子。

哈林顿的 KGBT 电台新闻主任瑞·纳顿自己也见到了这些脚印。这些脚印大约有 24 米长的一排。瑞·纳顿拍摄下它们，以便在晚上晚些时间播放。

1976 年 1 月 7 日，在德克萨斯州，布罗萨尔旁边，奥沃瑞我·格加多正在自己的车棚里休息，此时外面的响声和摇动使他警觉起来。他好像听见有一袋水泥撞上他的车厢，他跑了出来，但没有找到手电筒，他就打开车灯并调整它直到他发现了一头跟人一样大小的动物。像吸血兽一样，它有双红眼睛，身上长满了羽毛，还有一张尖嘴。

1976 年中旬，有两个布罗萨尔女孩丽芘和比尼·福德说她们见过一只大黑鸟。KGBT 电台采访时，她们说它有一张蝙蝠样的脸，后来她们还断定它看起来更像一只翼手龙，也就是一只小的能飞的恐龙。

虽然有人说这些现象代表了有关吸血兽的一些初期报道，但坦白地讲，这些描述联系的并不紧密。这只在德克萨斯州南部见到的蝙蝠样脸的鸟要比吸血兽大，而且它飞得更快，并好像不是对血有同样的兴趣，而且吸血兽看起来不像翼手龙。

变异之兽

如果与过去的这些报道没有历史联系，那么吸血兽又来自哪儿？关于这一点，有多种说法，但没有一种特别具有说服力，至少对我来讲是这样。

对波多黎各的报道有大量研究的杰格·马丁说这些是遗传的结果。他把吸血兽当成变异的生物体，并得出与 UFO 有关的结论。马

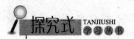

丁在《世界 UFO》一书中说："变异的生物体也可能是人类制造的高智力的遗传物，这一可能性我们是不能放弃的。一位俄籍华人科学家陈天勘博士，已经用遗传方法制造了电子交叉的植物机体和动物机体的新的物种。用这些方法他已制造了些难以置信的新的鸭种和鸡种，它们都有羊和兔子的生物特征。毫无疑问，如果俄罗斯能拥有这种技术，美国和其他的国家也应该了解它。因此，用这种方法制造出像吸血兽或变异生物体的动物是十分可能的。

马丁在该书中还写道："波多黎各几十年来一直是美国对岛上的人或此地区进行试验的基地。例子之一就是对妇女用避孕药的试验，后来引起了许多畸形儿的诞生，还有在森林进行的 γ 射线试验。正因为有这些，我们不能排除有人在我们的地区用新的或先进的遗传方法技术进行试验的可能性。变异的生物体可能就是失败试验的产物。

当然我不能为更多的人提供证据。但遗传方法正在全世界的实验室里进行试验，这一点是真实的。但我也没有证据证明它已经进步到马丁所说的具有那么高的智力。同样美国对岛上的人进行试验也是真实的。但确实也没有达到它所说那一比例。虽然新闻报道表明了部分科学家对伦理道德缺乏得可怜，但是要达到马丁所说的惊人的数量也是不可能的。

作为一种理论，遗传方法的确包罗了一切。它很容易解释了为什么吸血兽的出现直到 1995 年初才有了历史记载。支持这一理论主要的问题是物理证据的缺乏和研究学报上科学文献的缺乏。

斯克特·考瑞与其他人一起已经证明了吸血兽是由灰狗转化而成的可能性，也就是有外国人宣布对绑架案负责。在"报应：在逃的吸血兽"一文中，斯克特·考瑞写道：吸血兽很明显表明目击者们遇到过灰狗的变化体或转化体，所见动物的描述描绘了一种特殊化的栖息在树上的物种，而皮肤粗化的爬行灰狗指的是另一物种。

一些吸血兽的现象与 UFO 报道的紧密联系是支持这一观点的又一证据。但这种制造背后好像并没有逻辑性。它是一种能杀死和残害小动物的生物，并从这些小动物身上带走重量很少的一部分。它是一种肉食动物，很明显具有特殊功能，但不能吃完整只猎物。

有人说吸血兽是从波多黎各的一研究中心逃离的高级哺乳动物。考瑞强调说恒河猴也经常逃走，并且能在野外生存。但是这种恒河猴只是家猫一般大小，且一般不是食肉动物。

一家波多黎各的报纸说吸血兽是搭乘来自美国的货船的大吸血蝙蝠。但是没有目击者认为见过一只蝙蝠样的动物。事实上，它并不像蝙蝠。

兽医学家认为这些都能用狗或其他的野生动物来解释。反对此观点的人说狗会将猎物撕开吃掉而不是吸他们的血。很多人都完全不同意此想法。

文明之敌

最后，它可能是一种生活在波多黎各野外的不知名的动物。它的栖息地遭到入侵或破坏。当它远离了猎人的眼光时，也就没有原因怀疑它的存在。现在，它被迫离开森林，人们就这样开始见到它，也就报道了它。

这种想法并不是不存在，就在最近一种生活在亚洲森林的新的鹿种就被发现了。甚至在越南战争期间，在越南和其他的亚洲基地上有大量的美国士兵出现，甚至有用于试图确定敌方士兵和供给路线的特殊装置，这种小鹿也未被发现。一种生活在波多黎各森林中的小食肉动物可能很容易逃脱被人发现。

那些包括杰格·马丁和斯克特·考瑞在内的研究吸血兽的人认为有些真实的事物正在波多黎各和世界其他地方发生。像斯克特·考瑞所写的那样："属于真实的人，真实的动物正在被一种不属于波多黎各经济体系的动物所杀害。我们应该强迫自己不要做出它的本性的判断，直到我们有了一个比我们反对的更好的想法。

杰格·马丁说波多黎各联邦代表办公室第十二次立法委员会通过决议："根据代表委员会的规定，农业委员会将进行一次深远而彻底

的调查以澄清这些不知名现象，并对所谓的吸血兽对农民造成的损失进行计算。"

他们同时要求："代表办公室的农业立法委员会必须就调查结果在决议通过后 45 天内向立法会上交一份有结论和评价的报告。"

但没有一点回答了有关吸血兽的问题。那么它们究竟是什么，又来自哪儿？显然有些事情正在发生，事情也不仅仅是想象。

第四节　城市传奇

吸血兽带有城市传奇的意味。这些在全社会流传的传说有一点点的真实性。有些更一般的城市传奇讲述的是烟草公司给那些患有呼吸疾病的患者买上些铁肺，如果他们收集到足够多的空盒。另一传说是有关一妇女的，她买了本饼干秘诀，要价 2 元 50 分，她付账了，并将它记在费用卡上，但她很惊奇地发现那是 250 美元，而不是 2 元 50 分。

存在的证明

这些传奇从一个镇上传到另一个镇上或从一个地区传到另一个地区。要找到它们的根据或一些事实证明总是行不通的。这些就像有关吸血兽的事件一样。确实有死亡的动物。是的，故事也是目击者讲出来的。神秘脚印有它的物理根据，也有被分析过毛发样本，但是没有真实的证据证明这种生物的存在。

1995 年 10 月 3 日，据说有一只吸血兽受伤了。根据杰格·马丁所言："我们得到了这样的一只动物的血样，是在当它跳过篱笆逃跑时在篱笆上和一棵香蕉树上留下的。在那两天以前，有名在卡勃·瑞考的警察开枪向吸血兽射击了，它逃离了这一地点。血样来自同一动物。

　　有趣的是，这只动物没有被子弹打死，而只是受伤了。它在他经过的路线上留下很少的痕迹，它想逃走。马丁收集血样并请人进行分析。他在《世界UFO（UFO Universe）》一书中说："最初的血样好像是与人类的A型血有相似的特性，有铑元素。进一步的分析没有此方面的结论。"

　　最初血样好像就是人类的血，这意味着留在那儿的是人血而不是其他动物的。正因为它好像是人血，所以没有充分证据证明吸血兽的存在。并且，既然这些仅仅是有人见到它来自一只动物，所以这证据也没有价值。

　　根据马丁写的关于第二份血样的说法："血样的再次分析及与之相联系的东西表明它是一种跟粪便差不多的物质，它里面有石粒、大肠杆菌、蛹以及其他的寄生虫。还发现有植物胞状物质。这些物质跟在小肠受过伤的动物或人的血液里见到的差不多。"

又一次，没有什么证明吸血兽的存在。这些血样表明有什么受伤了，它是人还是动物，或不是人也不是动物。因此，这个证据也是没有结果的。

第三分血样证明的更有趣。又一次根据马丁所说："目前的遗传分析已经证明这种血样不能与人血比，也不能与科学界已知的任何动物的血样相比。"

这一证据最后表明有些东西出问题了，而不是收集血样的错误或粗心。然而，他没得出任何结论，但是一些有趣的事还在进行。马丁自己也不能将血样与一种特殊动物或意外联系在一起。他只是暗示有关联，但不幸的是，在科学上，这一点是不够的。

考查者的无奈

事实上，我们有更多的此类证据。默克·代温波特是最近的一个到波多黎各进行探险的探险队主任。当地居民说在吸血兽休息过的地方收集到毛发、粪便、织物样本。有些样本已给了在东京发行的边界线杂志的记者。

哈鲁卡博士是位检测动物毛发的顶级专家，他也得到了些波多黎各探险队给的样本。他猜测地说这些毛发是保护性毛发，基于毛发根部、厚度、顶部的检测，他认为它不是人类的也不是猿类的。从厚度来看，他推断它属于食肉动物。通过电子显微镜，哈鲁卡博士说他认为这些毛发是来自狗类家族中的一员。正因为这个毛发特征，他能得出它是蝙蝠类或是切齿类小动物。他确实说过："他确实不能正确地与我过去观察过的任何动物的毛发相比。我认为它属于狗类家族我还能说的是它不像美洲虎这样大的食肉动物的毛发。"

这里有一点必须强调的是没有任何见过的动物能与样本收集地直接联系起来。一位当地人确实说过他在这个地区见过吸血兽，但是代温波特和他的探险队员都未见过它，这是要记住的一点。

这并不是说代温波特、马丁或任何的研究人员在瞎弄他们的工作。在这样的条件下，他们做了份好工作。不幸的是，他们所能收集到的东西是不足证明他们的工作的。这确实不是他们的错。

无从证明

考瑞争辩说，他有大量的目击证据。如果在法庭，这些证据讲足以给人定罪，数百万的罪犯在目击证明前被送进了监狱。但不同的是，没有一点能证明吸血兽存在。在一个案例中，犯罪已经是一个既成的事实。并且，我们也知道有数万计的因目击证明被送进监狱的人后来证明是错误的。

问题的要点是有很多无证明的报道，我们有无结论的证明暗示。我们有新物种的故事。这些传说流传在西班牙的社区或拉丁美洲，但我们从外面有很少的证据。并且，就像人们和警察射击它但未能杀死它的大量报道证明一样，我们好像有免于子弹攻击的野兽的传说。

另一方面，我们有许多死动物，有些是在异常环境下发现的。从尸体收集到的证据表明他们是被某种不知名的动物所杀。没有好证据来支持这种认为：它是一种新生物，而不是某些几世纪前就杀动物的生物。

证明此种生物的不存在不是研究人员的责任。那些说它存在的人应提供些证据。至于这一点，证据都没有说服力。这并不是说证据没有立即被发现，但就是直到它发现了，我们也必须用怀疑的眼光来看待吸血兽的故事。

知识链接一

波多黎各（Puerto Rico）是美国在加勒比海地区的一个自治领地，正式名称是波多黎各自由邦（英语：The Commonwealth of Puerto Rico，西班牙语：Estado Libre Asociado de Puerto Rico），圣胡安为其首府。在西班牙语里，波多黎各的意思是"富裕之港"。

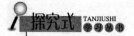
波多黎各是大安的列斯群岛四个大岛中最小的一个岛，位于多米尼加共和国东面，在小安的列斯群岛西北。它包含一个主岛和若干小岛。整个地区分为78个市级行政区。

知识链接二

波多黎各小镇拟建 UFO 着陆跑道　为迎接外星人到来

据美联社2005年9月29日报道，波多黎各小镇拉加斯近日宣布，该镇计划修建世界上第一个外星人专用机场，这项计划包括两条 UFO 跑道和一个塔台。

在通往拉加斯的乡村公路旁边有一个奇特的路标——一个写着"宇宙之路"的飞碟模型，足以表现该镇居民对外星人的存在深信不疑，当地中学的一名老师就曾经向媒体透露过自己13岁时和外星人的接触，外星人通过奇妙的光束，治好了他背上因为打篮球而受的伤，除此之外很多居民也都表示和外星人有过接触。正因为如此，拉加斯人才自信的认为，他们修建着陆跑道的"友善举动"肯定能取得外星人的信任和造访。

世界飞碟协会的主席雷纳德·罗伊斯是一个最忠实的飞碟迷，他对拉加斯外星人来访的传说十分感兴趣，甚至组织过彻夜的守候观察，希望得以见到外星人。目前他正和自己的团队在波多黎各等待，并计划参与 UFO 跑道工程。该计划的预算是10万美元，当地政府也正在寻找投资公司参与建设。

当地的农场主表示，他们通过给观察外星人的研究者提供食宿已经获得了不少的收入，如果外星人机场建成，那么附属产业将给当地带来更丰厚的收益。拉加斯市长马克罗斯也非常支持这项工程，并直言不讳地表示"外星人经济"可以有效弥补政府财政赤字。不过，拉加斯人的这番盛情不知是否真能迎接外星人的莅临，但可以肯定的是，拉加斯的"外星人经济"已经卓有成效了。

第十一章　都溪林场：UFO 曾来过

1977 年，第一届 UFO 研究国际大会在墨西哥召开。1983 年，第二届代表大会在巴西举行。UFO 探索已获得举世公认。此后，美国和前苏联等发达国家加速了探测宇宙太空、寻找外星生命的步伐。

为了进一步研究探索 UFO，联合国在 1978 年召开的第三十三届大会专门通过决议，要求各成员国进行包括 "UFO" 在内的外星生命的科学研究和调查。我国代表也投了赞成票。随后，又在第四十七届联大会议上再度通过了 "把 UFO 作为世界性课题进行研究" 的提案，并在大会的会议纲要中强调指出 "对涉及整个人类 UFO 的研究，应当是人类为解决世界的社会、经济、政治等问题所做出的努力的一部分。"

中国则由一些 UFO 专家学者发起，成立了民间学术组织 "中国UFO 研究会" 和部分省市分会，创办了《飞碟探索》刊物，拍摄公映了《飞碟在中国》的科教电影，对国人进行 "飞碟真有其事" 的直观教育。并在刊物上陆续公布了新中国成立以来至 1978 年各地上报、可以公开的部分 "发现不明飞行物" 报告，新华社也开始播发国内外有关这方面的新闻报道。其中发生在 1994 年 11 月的贵州省贵阳市都溪林场的飞碟毁坏成片山林事件，一经媒体曝光，引起了全国及各省市科研部门的高度关注，曾多次去现场实地勘查，但最终仍无法给出确实的结论。

第一节 空中怪车

　　1994年11月30日凌晨，贵州省贵阳市发生了一桩举世罕见的奇灾。位于该市北郊的都溪林场约27公顷的松林，在10多分钟内被来自空中的一种神秘力量成片齐腰截断，毗邻的铁道部贵阳车辆厂也受波及，厂区棚顶玻璃钢瓦被吸走，钢管柱被切断或压弯，重50吨的车厢位移了20多米。灾情的发展从西南向东北呈条带状的走向，首先发生在林场场部西南的羊奶坡，而后像推土机一样推向采石场，掠过马家场到达场部附近的林化厂，又向西北偏东移动，经过凤凰哨、拉地，向东翻上都溪大坡、大井冲、独角冲、永龙冲，掠过砖瓦厂，最后到达贵阳车辆厂。波及带全长3000米，摧毁宽度最窄为150米，最宽为300米。这一离奇而又突然的巨大灾害突然发生后，消息一经传开，举世震惊，全国从中央到地方60多家报刊进行了采访报道，各地前来参观考察的人蜂拥而至，从灾情发生到1995年2月8日两个多月时间，累计已达2.8万余人。原贵州省副省长莫时仁一行也专程前来视察。人们都想了解，这场突然而又巨大的破坏究竟是怎样发生的？又是什么力量造成的呢？依据研究会提供资料和《天地探秘》岳景洲报导综合如下。

空中"怪车"逞威

　　对灾变过程的众多报道中，还以《金陵晚报》所载罗忠元记者的描述较为详尽：

　　1994年11月30日午夜，贵阳城区的百万市民已沉入梦乡。谁也想不到，凌晨3时许，一种神秘的不明飞行物，竟然使北郊都溪林场马家槽林区的森林遭毁，留下白花花的数十公顷被折断的树桩。

11月29日，像平常一样，砂石场老板兰德荣看管着砂石和设备，以防碎石机等设备被盗。除了他，还有砖房北面铁架工棚里的一位老年人。

30日凌晨3时，老天滴滴答答下起雨来，远处有闪电、雷声。3时30分左右，兰德荣听到轰隆轰隆声由远及近，由小到大，就像蒸汽火车行进声。突然，这声音逼近房子，他从床头边上的窗口看去，急喊妻子涂学芬，"学芬，好像火车开到我们这里来了。"说着，只见一股强光朝前方射来。由于天黑，强光后面的物体看不清楚。轰隆声中夹着东西断裂的声响，兰德荣以为是砂石堆倒塌。

涂学芬听到声音，看到强光。于是从床上起来抓撬棒，准备自卫。门却开不动，顿时觉得有一种力量像要把所有的东西都吞掉一样。与北砖房相隔不远的工棚内，50多岁的任志奇老人也听到"火车"的声音，看到强光。还以为"火车"就在房子上，吓得躲到床下。

林场职工李兴华的妻子说："她从窗子看见像似大卡车般大的东

西，有两股灯光从车头射向前方。"

"第二天，林场职工查看林区，有四大片林木遭毁，面积达27公顷，损失商品木材达2000立方米，年均损失松香价值约100万元……"

又据靠近林场东北面约5000米、同遭袭击的铁道部贵阳车辆厂的职工说："当时上晚班的工人曾听到像火车慢行的咣当声，并看到两个'光球'旋转前进，十分吓人。火球过后，厂内一颗40多厘米粗的大树和东北面的一堵围墙被掀倒；有个车间屋顶的玻璃钢瓦被吸走；厂区铁路线上，一辆载满50吨钢材的火车车厢被推出20多米远，堵在公路、铁路交叉口处。"

专家众说纷纭

事件发生后，贵州科委、科协立即组织宇航、航天、天文、林业、气象、环保等专家前往调查考察，很快就下了断语，说"是龙卷风造成的。只要遇上冷暖气流交汇的天气，产生急剧变化的温差，就会形成强龙卷风，龙卷风折断树干，掀翻树根完全可能"云云。

可是这一结论却遭到了林场场长张连友的否定。他说："龙卷风袭击根本不可能。1957年，这一带有过大风、冰雹，有雷鸣闪电，但与这次的声音、光亮大不一样，那年山丘迎风面损失大，低洼地几乎无损失，受损失的林木70%被卷翻根，30%被折断，而这一次树干折断是一片一片的，偏倒的方向朝向路径的中心轴线，折断区内击倒的小树，都朝强光去的方向偏倒，上部树皮见擦伤痕……"若是龙卷风席卷而过，何以山地两侧的松树成片折断，山里的油菜、马蹄莲有30厘米左右高，却毫发未损。

林场徐中波副场长说，贵州环球园艺公司在这里的温室塑料大棚，旁边的林木被折断，大棚则安然无恙。无塑料布顶的棚架呢，却被拨走，不知去向。花圃里的各种鲜花，均无损失。难道龙卷风会选择目标袭击么？

受灾后，到林区考察的贵州省林业厅、贵阳市林业局的专家都一致认为，这次灾害不可思议，难以用现成的理论去解释。

第二批由中科院、国家科委、中国建材科学院、国家环保局等单位组成的 12 名权威专家，又于春节前风尘仆仆地从北京前来贵阳，进行现场调查、考察。但因专家们都各专一门，看法也就众说不一，有说是"下击暴流"造成的，有说是"等离子火球"穿过的，也有说是"地壳运动释放的能量"引起的……难以形成一致的看法。中科院生态环境研究中心的高级工程师胡成南则说："这么大能量的来源，只有放射核能，磁能才能解释清楚。"（而据事发当时拍的照片显示，被折断的树干上方确有白色的磁雾），也有的专家认为：这可能是超自然现象，不是我们所认识的雷、电、声、光、磁所为，从现场看，不管是林场还是车辆厂，这么大的灾害竟没有人员死亡，连高压输电线、电话电缆线都未受损，这实在难以理解。国家科委成果司专家程明则认为："现象十分特殊，各方看法虽都有一定道理，但要解开此谜，还需要进一步分析实验。"

第二节　贵州报告

第三次调查是由中国 UFO 研究会组织的。早在事件发生时，中国 UFO 研究会理事、贵州省分会负责人马瑞安和秘书长胡其国就已及时赶赴现场，进行过初步调查，并及时向总会做了汇报。贵州分会的同志认为："此次事件是不明飞行物采取半着陆状态行进，并有前射强光做照明而撞断树干的可能性极大。"建议总会组成考察队进行详细的科学考察。

附：贵州省分会的调查报告。

1995 年 2 月 7 日，贵州 UFO 研究会秘书长胡其国再次对都溪林

场 UFO 遗迹进行考察。

　　本次考察重点为都溪国营林场相邻的尖坡林场和都溪村民组林场，即被 UFO 破坏的三号林区和四号林区。考察目的是查明 UFO 在林区的飞行路线、林区土壤和植被中可能被认为是 UFO 硬着陆或低高度悬停式软着陆留下的痕迹和走访 UFO 目击者。

　　三号林区与林化厂及国有林场被 UFO 破坏的松林隔公路相连，属尖坡村委会管辖。守林人陈荣江担任讲解员，他讲述了他在去年 11 月 30 日凌晨看到树林被 UFO 折断时一对红绿光球在空中闪过的情景。经过向该村多人查证，陈荣江并未看见一红一绿两个光球，他当时在室内只看见天空有白光和听见火车开过一样的巨响。尖坡林场约 2 公顷树林被 UFO 自树干 1.5～2 米处向东折断，有部分树根被拔起。从尖坡林场全部被毁树木倒伏方向时东时南和树的间距和高度来判断，UFO 是在林间做机动飞行，直径在 1 米左右，与目击直径相符。人们可以看到，松树被折断，而附生于树根的 2 米高的小茶树却未受损害的有趣现象。

　　从林化厂顺公路进入尖坡上林地边缘，发现一直径 25 厘米老树

桩被烧焦呈炭状，但树桩周围无烧火痕迹，且树桩只有高温才能炭化。相距不远，在一棵被 UFO 折断的树旁，一棵直径 25 厘米的松树南侧有 2 米高被烧焦，树根周围树皮被烧焦呈炭化状，且炭化痕迹明显是刚烧焦不久的新痕迹，未被雨水冲刷和风化。树桩四周有一直径1.2 米左右被烧焦的土壤圆形，土壤及土壤中松针被烧焦达 3 厘米厚，而周围无任何明火燃烧痕迹。烧焦的土壤上散落着枯松针。可以肯定是 UFO 在 2 米高度侧飞时悬停在该树南侧上空，致使南侧树皮被烧焦呈炭化状及树桩周围土壤呈圆形被烧焦，深达 3 厘米厚。树皮烧焦高度为 2 米左右，这是 UFO 的飞行高度的直接证据，与林中松树被折断处高度相符。树桩周围圆形土壤直径在 1.2 米左右，与目击 UFO 直径及林间 UFO 穿越树与树之间距离相符，也与车辆厂宿舍区草被烧焦的圆形痕迹相近。至于树桩周围被烧焦的土壤上有枯松针叶，则是冬季松叶落下覆盖所致。这是此次考察最大的收获，应当组织力量前往现场研究并企盼总会组团来此考察。

在四号林地，即都溪村民组林场，近 20 公顷被 UFO 折断的树都被村长下令砍光，只留下树桩，但从树根拔起倒伏方向可以判断，UFO 是由西向东飞行，并在整个林地做绕圈机动飞行，致使树根向飞行方向连根拔起。在林地末端尚有数棵倒伏尚未砍伐的树木，再往前1000 米被 UFO 破坏的五号林区，还有大片树木被折断。可惜的是，折断的树木全部被砍伐并堆放在公路旁，省市有关部门下令维持原状，已经为时过晚。

都溪国有林场陈连友场长和罗志华场长与胡其国随车同行介绍情况，并陪同查看"一号着陆区"。陈连友还转述贾家山砖厂厂长陈学文睡在床上听见屋顶石棉瓦被揭走摔碎的情况。陈场长证实林场工人在 11 月 30 日凌晨 3 时无人目击 UFO，但在室内看见白光照亮天空和大地，并有巨响和大风。

1995 年 4 月 17 日至 24 日，中国 UFO 研究会组织专家考察队赴贵阳现场考察。组成人员有陈燕春（带队）、万国庆、王方长、张茜苪、刘凤君、谢湘雄、胡其国、吴汝林等人。

调查考察历时 8 天，考察了林区林木被毁的全貌。详细观察了林木折断的方位及断茬情况，并通过卫星定位仪测定了被毁的具体位置及面积。对于贵州车辆厂被破坏的重点地方及物件进行了时频、弱磁及射线的测试。采访了当时的众多目击者，观看了贵州车辆厂拍摄的原始录像带。在贵州 UFO 研究会、贵州车辆厂和都溪林场的大力支持下，考察进行得很顺利。可惜的是由于时间太久，仪器未能测出异常，而据说当时是有磁现象的。

中国 UFO 研究会为都溪林场事件发了（95）第 1 号简报，明确认为是不明飞行物所为。

1994 年 11 月 30 日凌晨 3 时 30 分左右，贵州省贵阳市北郊白云区都溪林场上空出现不明飞行物，发着红色和绿色强光，并伴有火车开动时的巨响及狂风。随着不明飞行物的远去和消失，近 27 公顷直径 20～30 厘米松树林自树干 1.5～2 米高度向西折断。四个林区长达 2000 米的一人高的粗大树干整整齐齐、白花花的排列在林场上，个别大树被连根拔起，折断林区内未倒的山树都朝强光去的方向偏倒，上侧树皮见擦伤……

而参与这次考察的专家之一、中国 UFO 研究会常务理事、山西省 UFO 研究会理事长、山西工业大学刘风君教授却认为"还难以确定"，他在山西 UFO 研究会会刊《飞碟》第 8 期上详细描述了这次考察的情况。

都溪海拔 1200～1300 米，是起伏的丘陵地带。1958 年开始人工造林，鼓起的山包上种的全是松树。现在，树的直径一般都在 30 厘米左右。丘陵间的凹地种的是油菜。绿色的松林，黄色的油菜花绘织成一幅美丽的图画，景色十分迷人。

1994 年 11 月 30 日黎明前 3 时，伴随着"怪声"而来的风以及空中移动的似节日放礼花似的火光、火球，27 公顷林区霎时被毁。

根据对整个林区被破坏树的断茬和倒向的考察，分析出破坏不大可能是龙卷风造成的。因为龙卷风破坏折断后的树应为顺圆周倒向。经考察此种现象不存在。

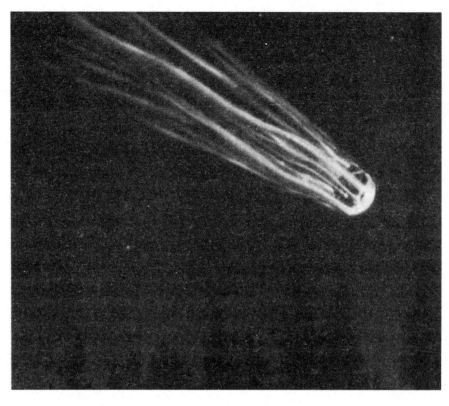

　　若是下击暴流造成，仅可解释少部分破坏区。对都溪林场大部分树被折断的方向来判断，台风有可能造成此种现象。但是在大井冲上周围20米的树林中，仅有一棵直径为30厘米、高20米左右的松树折断，倒向偏北40度；在大坡顶未破坏的树林中有两棵翻根倒下，在距此树4～5米处还有两棵树翻根倒下。像似一种巨大的力量推倒似的，但是找不到着力点。此种现象在未被破坏的其他树林中也有发现。这种点式的破坏现象用台风、下击暴流又都不能解释。

　　林区的破坏用等离子体火球来解释也是解释不通的。因为等离子体火球温度高达几万度。若是等离子体火球破坏，一定伴随有大面积的烧灼痕迹。在考察中不但没有发现烧灼的痕迹，就是被火烤的痕迹都没有。

　　这样大面积的破坏，人、畜、家禽无一伤亡。穿过树林的高压线安然无恙。两丘间凹地种的油菜依然长势良好。整个破坏好像具有意

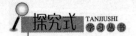

识性。

贵州车辆厂位于都拉营，它与都溪相连。都溪林场树木破坏的同时，车辆厂也出现了严重的破坏现象：厂区内料棚上的 16 号槽钢折弯；磅房的外径为 108 毫米钢管立柱被折断或弯曲；砖砌围墙倒塌等等。从考察的情况来看，槽钢折弯、钢管切断或弯曲都应是集中冲击荷载所致。而龙卷风、台风等气象原因又怎会形成这样的动载荷呢？

我们除了实地考察、对重点物体的检测外，还对当时的目击者进行了采访。他们是林场的职工、附近村庄的居民和车辆厂的职工等。目击者的报告大致有几方面内容：听到有刺耳的、隆隆似火车响声；看到空中有移动的火球、白光，有像一片火光周围有节日放礼花似的红绿光；有停电、机械表停走等异常现象。

上述现象不是一人所论，故在分析破坏原因时，应将目击者看到的情况考虑进去。都溪林场、贵州车辆厂破坏的原因是大家非常关心的。根据考察的情况，我个人认为原因目前尚不好确定。可以说它既有气象原因，又有空中不明现象。至于空中不明现象是哪一种，还有待于进一步研究。

第三节 独山子事件

就在考察队议论纷纷、难下结论之时，想不到都溪"案犯"竟会意犹未尽，而在独山再次作案，终于在光天化日下露了本相，给困惑的人们解了疑团。

1995 年 2 月 9 日，位于黔贵交界的独山林场，又再次发生树木折断事件。而这次作案黑手却被民航班机发现。

这天，中原航空公司的 B737－2946 机组接到民航总局调度令，执行 865/6 航班任务，于 8 时 1 分由广州飞往贵阳，于 9 时 11 分抵达贵阳磊庄机场上空。当飞机按地面塔台指挥，由 4200 米高度降至 2400 米，加入左修正角，准备由北向南下降着陆时，突然，机首防撞系统发出警报，屏幕显示在前方 3700 米处有一相对飞行物朝飞机飞来，图像显示该物开始是菱形，后来变成圆形，颜色由黄色变成红色。机组立即报告地面，塔台回答"本场无其他飞行活动，空军也没有飞行活动。"而该飞行物却对准飞机越飞越近，9 时 14 分距离缩短到 1850 米，防撞系统告警，机组采取紧急避让措施，绕道穿云，于 9 时 20 分安全降落。

2946 机降落后，地面雷达继续跟踪该飞行物轨迹，发现该飞行物 9 时 20 分至 10 时 12 分一直游弋在贵阳东北 70 千米处上空，10 时 13 分往独山方向飞去，接着就故伎重演，发生了独山林场林木摧毁事件。

根据民航西南局和贵州省局航管处的航空专家通过资料分析后判定："2946 机遭遇的不是什么气旋、天电、云团之类的自然天象，而是实体飞行器，波音 737'防撞系统'属世界先进科技产品，是为防止飞机与其他飞行器相撞而设置的，它只对金属或非金属的实体有反映，对虚幻的云团、气旋、天电不反映，它的预警显示比目测观察更可靠，因而完全可以排除任何误认的可能。所见物体是一个实实在在的不明飞行器。"举一反三，不言自明，作案者是"飞碟"大致已经可以定论了。至于它为什么要这样干，则谁也说不清。

两侧的林木毫发未损，穿过树林的高压线安然无恙，油菜依然长势良好，整个破坏具有意识性。

关于 B737 – 2946 机在本杨穿云过程中
发现不明飞行物的情况报告

西南管理局航行处：

1995 年 2 月 9 日，中原航空公司 B737 – 2946 机执行 Z2 865/6 广

州贵阳广州加班任务。广州起飞8时1分，预计到达贵阳上空9时11分。2946机于9时4分与贵阳塔台建立联络，报告高度4200米，上空9时11分。塔台指挥2946机下降2400米加入左修正角，由北向南降落。2946机下降2400米时，机组报告：防撞系统显示2海里处有一相对飞行物。塔台值班管制员回答：本场没有飞行活动，当时空军也没有飞行活动。这时2946机航向280°与不明飞行物相对飞行，9时14分，2946与不明飞行物相距1海里，防撞系统告警，机组采取紧急避让措施，加入修正角穿云，于9时20分安全落地。

飞机降落后，机长陆坚向航务报告室汇报了情况。防撞系统显示开始是菱形，后来变成圆形，颜色由黄色变成红色，防撞系统告警中，飞机紧急向右避让。

自2946机落地以后，贵阳管制区域没有飞机活动，因考虑有不明飞行物，对2946机采取暂缓放行。

10：30，接到空军贵阳管制分区调度室电话，确认空中没有不明飞行物的后，请示值班首长放行2946机。

放行2946机时，与机长共同拟定飞行方案：①请空军继续开雷达观察；②飞机尽快上升高度，保持云上能见飞行（来时4200米以下是云中飞行）；③2946机与区域管制室保持长守（因与空军调度室的电话是装在区域管制室）。

2946机于11时12分贵阳起飞，航线飞行高度9000米，交接点时间11时27分，斗江时间11时37分，飞行正常。

第十二章　新西兰:UFO 的午夜探戈

"我们沿着鲍威尔机长走过的路线前进。鲍威尔机长正是在这条路线上看到那些神秘的事物的……对任何不寻常的事情我们自然要查出个究竟。"

——新闻报道人：昆汀·佛干提

1978 年 12 月 31 日上午 12 点 10 分在新西兰海岸之外的一架飞机上。"有一整个编队的飞碟就在我们后面。"

——昆汀·佛干提，20 分钟后

第一节　仲夏夜之梦

1978 年 12 月发生在新西兰的一起事件有希望提供迄今为止最好的飞碟证据。这是一次在雷达上可以看到并拍下照片的遭遇——在我的记忆中这是唯一的一次——而且拍下的照片不是一般的图形而是在一组专为飞碟证据拍摄的动态影片之中。雷达观测到的并且可见的事件是不寻常的，正如罕有质量上好的照片的事件一样。所谓的飞碟的动态影片是极其稀罕的。遇到一个飞碟，不仅在雷达上观测到它，肉眼看到了它，拍下了它的照片，而且拍下了纪录性良好的动态影片，这在飞碟年鉴上是绝无仅有的，是历史上唯一的一次。难怪海尼克会

说："这部影片使整个地区陷入滑稽和嘲弄之中，它是我们考察过的75 000起飞碟目击事件中给人印象最为深刻的证据。"

UFO 的前奏

1978和1979年间的新西兰飞碟浪潮中最著名的事件当然是那两部飞碟电影，特别是1978年12月31日新西兰时间，昆汀·佛干提和大卫·卡若克特在破晓前的几个小时里在飞机上拍摄的那部。但是新西兰事件实际上在此前10天（即1978年12月20日和21日之间的晚上）就开始了。那是在一架在新西兰的布伦海姆和克莱斯特彻奇之间往返运送报纸的飞机上发生的。我们对新西兰事件的考察必须从此开始。

就在午夜前不久，在布伦海姆附近靠近南岛北端的新西兰皇家空军基地的官员们报告说，他们看见三个橘红色和白色相间的灯呈现在东方的低空，看起来就像朝威灵顿方向前进的渡船。（新西兰的科学工业研究部的威廉爱尔兰德博士写了一篇论文评论了这一系列的飞碟目击事件，认为其中一个可能是木星，因为位置看来十分接近。布鲁斯·马克比反对这种观点，其主要理由是据说那些灯光有好几次远远离开了木星的位置。）正在此时，威灵顿的雷达开始看到克莱伦斯河附近的目标，但这些目标并不靠近据说在布伦海姆看到的灯光。

大约午夜，约翰·伦德尔、斯达塔普机长和副机长金斯·海因驾驶着安全航空有限公司的四引擎螺旋桨式运输飞机宝藏一号从布伦海姆出发。他们向南朝克莱斯特彻奇飞行。出发后不久，机组人员在空中看到一个飞行中的物体发出"强烈的白光"，"强烈得不像是飞机的前灯"，伦德尔说，"另外，它正在飞行中，而且我能看到它经过时照亮的地形。"根据报纸的描述，伦德尔"没有太好奇"，也没有用无线电向空中运输管制员报告该物体。当宝藏一号飞过据说在雷达上看到飞碟的克莱伦斯区域时，机组人员没有看到什么。雷达控制员约翰·科迪说，"没有人极端兴奋，因为有时雷达会记录一些奇怪的事物。"他也注意到尽管雷达上的运动指示器正在运转，其中一个目标却停止了移动，保持在视线中。科迪解释说，"理论上说，它应该早就消失了。"如果雷达运转正常，一个静止的目标应该不是可见的。

宝藏二号

第二架飞机宝藏二号在大约 3 个小时之后，也就是凌晨三点出发，目的地也是克莱斯特彻奇，由冯·鲍威尔船长和他的同事艾恩·贝利一起领航。宝藏二号已经得到飞碟在附近出现的警告，因而在一种对飞碟目击有心理准备的状态下飞行。"坐在机组人员的转乘汽车里前往伍德堡的时候，人们在谈论飞碟"，鲍威尔机长说，"我们向控制塔提交飞行计划时，我们听说可能会要求我们调查一些不确定的雷达对象。"

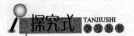

鲍威尔和贝利没有失望。起飞后不久，威灵顿雷达提醒他们据说附近有一个飞碟，不幸的是，他们没能看到什么。然而，他们看到了第二个目标，鲍威尔说，"那是一盏极亮的白灯，有时变成带红色的物体，它比我曾经见过的任何星星都要大得多，亮得多。它们接近克莱斯特彻奇时，宝藏二号气象雷达探测到一个物体掠过它们的航线。他们看到一个闪光的物体在大约几秒钟内以惊人的速度掠过他们的前舷。由于这件事发生在克莱斯特彻奇雷达的盲区，用澳大利亚人的话说它"还是一种无法证实的遭遇"，与此同时，宝藏一号从克莱斯特彻奇起飞，向北朝北岛的北部爱尔兰岛飞去。在遭遇向反向飞去的宝藏二号之后，伦德尔机长报告他发现什么东西看起来就像三个大船，靠近南岛海岸。尽管有迹象表明这是另一起古怪的飞碟事件，伦德尔机长的评论明显地显示出他认为这只是渔船的反常行为罢了。"其中的一个好像是在浅滩上，由于这片海滩对任何类型的航行无论如何都不能说是安全的，这整件事都非常奇怪……你不能不诧异地思索，船只在那儿会有什么合法的目的呢？（难道他们试图违反新西兰的西海捕鱼的规定吗？）我不知道他们是俄罗斯的，还是美国的，或者是别的什么。"伦德尔说。

星星还是那颗星星

虽然 12 月 20 日到 21 日的事件本身有值得注意的价值，但是现在在人们的记忆中它们主要是 10 天后更具戏剧性的事件的前奏。不幸的是，没有人对它进行深入分析以达到对 12 月 21 日事件的全面理解，也许新西兰的一些富于创造性的读者愿意完成这项工作。1978 年12 月 21 日雷达上大量的漂移目标清晰地表明异常的雷达增殖（或杂散反射）现象的发生。而克莱斯特彻奇的无线电高空测候仪的读数似乎显示了这一点，尽管雷达信号的增殖性并不能由无线电高空测候仪的读数有力地决定。我们应该牢记，在仲夏雷达出现错误反映是最频繁的，而在南半球 12 月正是夏季的月份。

同样重要的一个事实是：在 12 月，日本的鱿鱼捕捞船队已经在新西兰的海边水域集结。这些船利用强烈的白炽光——每只船照明设施的功率高达 36 万瓦特——从深海里诱惑鱿鱼。卫星照片清楚地显示出这些灯火辉煌的船只集中在塔斯门海湾内外，离分割新西兰的南北两岛的库克海峡并不远。12 月向 1 月过渡时，这些船只逐渐通过库克海峡从新西兰西海岸来到东海岸。前面看到的灯光很可能就是这些渔船发出的。

宝藏二号在克莱斯特彻奇附近看到的快速移动的物体听起来非常像一颗明亮的流星："明亮的闪烁的白光，就像一盏闪光灯。"破晓前的几个小时是出现流星的高峰时间。物体在大气层中的剥蚀能导致它看起来像快速改变亮度。也许对这一事件的最重要的评论是伦德尔机长给出的。他不像鲍威尔机长，并不认为他看到了什么超出常态的事情。"我没有看见任何事情不能由空军用埃罗科伊斯直升机复制出来，"他说，"这些事情完全可能是由日本或俄国的捕鲸船导致的。真正的谜不是这些事情如何发生，而是为什么发生。"马克比说那时并没有直升机在那一区域。

第二节　UFO 狂欢夜

记者昆汀·佛干提的墨尔本 0 频道工作组当时正在新西兰欢度 1978 年圣诞节的假期，他接到他的老板里纳尔德·李制片人的电话。他要求昆汀·佛干提缩短他的假期以设法获得有关几天前伦德尔和鲍威尔事件的新闻镜头，后来制片人里纳尔德·李在威灵顿的一个电视节目中说，"我们缺乏在圣诞节和元旦之间的新闻。"

昆汀·佛干提设法登上一架安全航空公司的宝藏号航班，从布伦海姆飞到威灵顿再飞到克莱斯特彻奇，然后返回布伦海姆。严格按照

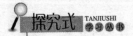

伦德尔和鲍威尔机长的航程走了一遍。和他一道的有摄影师大卫·卡若克特与他的妻子恩盖尔（一名明智的记录员）。

以机长比尔为领航员，罗伯特·格瓦德为副领航员，那架安全航空公司的涡轮螺旋桨式运输机正在作载运报纸的定期航行，把星期天早上的报纸送到克莱斯特彻奇。

以下信息主要是由布鲁斯·马克比博士提供的。作为著名的并不怀疑飞碟问题的飞碟照片分析家，马克比被0频道邀请到新西兰和澳大利亚作免费旅行，以进一步调查这一事件。协助他们准备故事和纪念片6正是在马克比的合作之下，新西兰故事才能拼凑成一个整体。由于篇幅限制，这里只能介绍这一极为复杂事件的精彩片断。

UFO 路线上的亮光

穿过库克海峡，从布伦海姆到威灵顿的短短80千米的飞行是平静的，没有什么事情发生。在装上报之后，安全航空公司的宝藏号飞机在新西兰沙文斯时间1978年12月30日晚上11点46分在威灵顿起飞向南飞行。昆汀·佛干提的目标是得到一组机内镜头，以用于他计划好的现场新闻节目。"我们正沿着鲍威尔机长碰到那些神秘物体的路线上前进。"昆汀·佛干提开始站在飞机的装货舱里对着摄影机作陈述。"这是一个美丽的晴朗的夜晚，对任何不寻常的事情，我们自然要查处个究竟。"这大概是昆汀·佛干提的一个引人注意的花招，因为报告小组和机组人员都对有什么怪事发生不抱太大希望。但是，如果有什么是碰巧出现，他就不会轻易放过。

午夜过后大约10分钟正在昆汀·佛干提作陈述的时候，飞机正在接近早先的飞碟目击事件发生的地带，领航员和副领航员都发现不寻常的亮光在凯克拉方向时隐时现。但这一点在他们的无线电通话记录中不明确。领航员用无线电向威灵顿询问在凯克拉半岛附近是否有无法确定身份的雷达记录。据说，控制员看到了几个无法确定身份的无线电记录距离该机大约21千米，处于右前方1方位，以反常雷达目标（散信号）所特有的随机方式"时隐时现"。S. A. E. 要求控制塔有机会就盯住它。

大约 1 分钟之后，雷达报告有一个目标在 3 方位，就在海岸线上。机组人员没有提及看到它。接着，一个目标在飞机的 12 方位短暂地出现。斯达塔普机长现在说看到了它，但当时他没有提及。接着一个大目标在雷达屏幕上冒出来，它处于 11 方位，在雷达的下一帧图像上它消失了，人们没能实际看到它。"现在目标处于 9 方位稍左，距离 3.2 千米。"但仍然什么也没有看到。一分半钟之后，一个强目标在雷达屏幕上冒出来，方位 10 分，距离 20 千米。"安全公司阿尔法机组呼叫，我机上有一电视报道组。他们想记下此事。"领航员说，他建议左转 360 度以寻找该目标。午夜后 22 分，雷达屏幕上又冒出一个目标，在飞机的左边，距离飞机 3.2 千米。也没有看到什么东西。根据空中交通控制中心的录音记录，迄今为止他们看到的唯一不同寻常的灯光是凯克拉市灯火之上的所谓非常明亮的灯光。

在最初的雷达接触后不久，斯达塔普机长把新闻小组叫到驾驶

舱，并指出了那些灯光。观察了 5 分钟后，昆汀·佛干提又开始录下他的叙述。他说，在这个时刻"我难以描述我的心情，但是我们已经看到了六七个甚至更多的强烈灯光位于凯克拉上空。现在我们再一次旋转以便更好地观察这些物体。"昆汀·佛干提说。那些物体"正在飞行中，如果它们不是移动的，威灵顿的雷达就不会标出它们。"然而马克比报告说威灵顿的雷达在这一地区能够"看到"地表之下。

在向南飞行的这段时间里，摄影师拍下了三个独立的电影片断，每段持续几秒钟，上面有一个明亮的蓝白色灯光出现又消失。拍摄的确切事件和位置无法得知。其中一个灯光好像出现在飞机的左边，这就是说，如果飞机处在飞向克莱斯特彻奇的正确航线上，那个灯光就是在西方正朝陆地运动。如果飞机还在旋转，那么任何方向都有可能。其他两个片断没有传达任何摄影机所对方向的信息。灯光里没有任何细节，背景里也没有什么躯体可以看到。

飞机与雷达的交映

此时空中交通控制中心的录音中断了大约 5 分钟。录音回复时，飞机再次证实它看到了一个带着闪烁灯光的物体，位于正前方 5 千米处，雷达屏幕上也看到了这个物体。雷达和肉眼观察明显一致，这还是此次飞行中的第一次。此时威灵顿控制塔电话通知了克莱斯特彻奇。威灵顿解释说，"安全航空公司的飞机正和我们一起搜寻飞碟。"昆汀·佛干提此时的演播宣称飞碟的灯光非常强烈，把这个城市的天空都照亮了。其他目击者也承认那些无法确定身份的灯光要比城市的灯光亮。然而，在该市周围拍下的影片不能证实这一点。马克比说，大约在此时拍摄的另一个电影片断显示出了一排微弱的灯光逐渐消失在视线中。这证实了目击者的观察。对我来说，这些灯光看起来就像曝光严重不足的海岸线上的灯光。昆汀·佛干提宣称他自己当时是一个忠于电影的人。

飞机转向克莱斯特彻奇时，有雷达目标出现在飞机之后，距离飞机不到 25 千米。因为位置关系，机组不知道那里是否有什么可看到的东西。不久，一个雷达目标在飞机后 1.6 千米的地方出现。昆汀·佛干提断言那个物体尾随着他们，但威灵顿雷达没有显示出这样的情况，那个目标仿佛是静止不动的（在运转正常的雷达屏幕上不会看到静止不动的目标）。第一个目标消失的同时，第二个雷达目标在 6.5 千米的地方闯入视线。这个目标也没有被观察到。马克比说这是因为没有人费心地去找它。昆汀·佛干提兴致勃勃地继续进行他的演播，宣称"在那架飞机上真的变得有点可怕。"这个新闻人夸张地断言，一整个编队的飞碟就在他们后面，这显示出，对轰动效果令人震惊的狂热追求几乎不可避免地成为媒体对飞碟的报道的特征。昆汀·佛干提抱怨说，不幸的是，要拍下这些飞碟几乎不可能，因为当摄影师把镜头对准它们时，它们就会消失。

当时威灵顿方面报道说，"一个巨大的目标正与你机保持队形，可能在左边或右边，你的目标已经增大两倍。"然而，什么也看不到。同时，早先的目标消失了。约 40 秒之后，威灵顿报告说那个飞行中的目标已经缩小到正常尺寸。接着副领航员看到了一个微弱的发出绿色光的东西处于绿色的机翼灯的左上方。昆汀·佛干提描述道，它看起来就像一个微弱的星星闪烁着明亮的白绿色的光。按照昆汀·佛干提的说法，这个物体就像许多其他物体一样，不能拍摄下来，因为它很快出现又迅速消失。马克比补充说，它太靠右，摄像师要拍到它就必须站到副领航员的位置上去。威灵顿的雷达证实，这个目标处于飞机的 3 分位于 4 分位之间，距离约为 6.5 千米。

此时，飞机进入克莱斯特彻奇空中交通控制区。威灵顿和克莱斯特彻奇的雷达操作员现在正在进行常规的电话联络，这解释了一个有趣的矛盾。虽然威灵顿的雷达屏幕上整晚都有个别雷达目标冒出又消失，克莱斯特彻奇真的什么也没看到，尽管事实上由一些目标在它的 185 千米范围内。威灵顿看到一个目标位于飞机的 5 分位距离 16 千米。克莱斯特彻奇回答说，"不，什么也没有。"威灵顿方面描述了它的逼近。克莱斯特彻奇还是说："没有。"如果所谓的正在追逐飞机的

飞碟事实上是真的物体，而且在 2100 米的高空（按它们一直显示的迹象），两部雷达应该同时探测出它们在同一位置，而且与观察者报告的那些灯光的位置吻合。

记忆的拼图

不幸的是，威灵顿录音没有这次飞往克莱斯特彻奇的空航的最后 26 分钟记录，而克莱斯特彻奇空中交通控制中心的录音已经不存在了。所以我们必须依靠个人的记忆来拼起这次事件的这一段的情况。昆汀·佛干提在录像里说，克莱斯特彻奇雷达发现了一个目标位于机后 10 千米。与此同时，威灵顿的雷达也反映出机后有一个目标，但距离却是 25 千米。飞机又旋转了一次，但什么也没看到。在着陆前，副领航员看到一个灯光在较低高度跟着飞机移动，还仿佛有规律地闪烁着。由于他的职责包括着陆，他无法不停地观察它。他当时认为它可能是沿海岸上的路行驶的交通工具的头灯，直到他看见它越过一条河却丝毫没有减速。尽管一条高速公路桥可能会造成这样一个奇观。克莱斯特彻奇的雷达警告他们有六个飞碟"朝我们直冲过来"。没有其他人回忆起听说过这样的话。昆汀·佛干提的飞碟解说常常夸张和煽情。在他的辩解词中，他说他不像大卫·卡若克特，他没有戴耳机无法清楚地听到飞机与电台之间的无线电对话。但是如果他不知道事情真相，他也会为今后的播出毫不犹豫地录下信息与错误信息的大杂烩。

飞机着陆之后，在与机组人员讨论飞碟事件的时候，克莱斯特彻奇的雷达控制员把最后的目标的产生归因于"旁波瓣"问题。尽管按照副领航员的说法，飞机着陆后旁波瓣依然保持在内陆，这可能是一个令人满意的答案。六个星期之后，这名控制员接受了马克比的采访。他既不肯定也不否定任何反常的克莱斯特彻奇目标的存在，但"对他来说，他看到的没什么可激动的。"

在克莱斯特彻奇机场上，昆汀·佛干提声称他看见一束明亮的橘红色的灯光，好像在消退和颤抖，"和我们在返程中看到的灯光类似"。地面工作人员说那不过是一座无线电塔楼上的灯光。但是昆汀·佛干提不接受这一说法而坚持说它是一个真正的飞碟。据说在克莱斯特彻奇机场上副领航员也看到"一个类似于他们在凯克拉看到的巨大的明亮的灯"，别人告诉他那是塔楼上的灯，他也不相信。几个月后，威廉姆·爱尔兰采访了克莱斯特彻奇机场，并拍下了斯达塔普机长和领航员所谓的飞碟：无线电塔楼上的一盏灯。

第三节　闹鬼的飞机

在克莱斯特彻奇机场的地面上飞机停留了接近 1 小时 15 分钟，用以卸下上面的报纸。昆汀·佛干提说他原打算和到机场来接他的同事邓尼斯·格兰特一起留在克莱斯特彻奇。录音员恩盖尔因为一晚上看到了太多的飞碟而感到不舒服，她决定留在克莱斯特彻奇，第二天再离开。她的丈夫大卫·卡若克特则搭飞机返回了布伦海姆。因为飞机上有一个空位，记者格兰特希望和他的朋友昆汀·佛干提一起作返程飞行。

早晨 2 点 17 分，飞机又一次飞起来。起飞后约 3 分钟，飞机穿过了覆盖大地的一个低云层（海上的天空是晴朗无云的），他们立即发现了一个亮光，位于飞机前舷右侧 20 度或克莱斯特彻奇的东方和东北方之间。在接近一点看时，它好像是由两盏灯组成的，一盏灯较亮，位于较暗的灯的上方，就像海中的一个倒影。"这真是难以置信的，真的。"昆汀·佛干提大叫起来，"我们只飞行了 3 分钟，而我们已经发现两个飞碟。"

副领航员的印象是，他看到了一个没有任何特色的满月（那晚月亮是看不见的。）他说它像"一只压扁的橘子"。邓尼斯·格兰特说

它像"一只乒乓球"。而昆汀·佛干提则认为像"一颗非常非常明亮的星星"。那灯光不时地消失在云中，那光非常明亮，把周围的云都照亮了。大卫·卡若克特成功地拍下了那光，他的胶片显示它时明时暗，机上的雷达打开了，显示了一个可确定大小的目标，其位置和那个物体的位置一致，距飞机大约 32 ~ 35 千米。那物体在威灵顿的雷达测距之外。然而克莱斯特彻奇雷达应该能发现它，可是没有。

只看到 UFO

接下来发生的事件是整个飞行中最关键的，也是最令人困惑的。当他们朝北飞行时，那个物体仿佛移动得更向右。飞机飞到无线电助航所能确定的直线通道时，它第一次被看到。此时的视线估计正朝克莱斯特彻奇东偏南 250 千米日本的鱿鱼捕捞船队的主体望去的视线，尽管有些估计将此视线置于上述视线的北方 25 度。不幸的是，我们没有关于这一物体的位置角度的准确信息，不同目击者的估计的差距达 20 度。最大的估计差距导致关于这一物体的位置的看法相差近几十千米。后来，就在飞机离开助航航线之前，视线转到右边，就像人们对静止物体的预测一样，但是目击者的估计现在将飞碟置于当时比

整个克莱斯特彻奇城发出更多光线的鱿鱼船队的南方。而此时任何目击者都没有提到他看到了鱿鱼船队，至少空中交通控制中心和昆汀·佛干提的录像带所显示的是这样的。（他们后来声称看到了那个船队。）他们没有拍摄到船队的灯光，也没有把船队的压倒性的光亮作为他们所谓飞碟的参照点。而飞碟和船队的夹角不超过 20 度。他们拍摄到的和谈论的都是那个极其明亮的飞碟。1980 年 7 月罗伯特·希弗尔和昆汀·佛干提谈起此事时，他说他不能回忆起在飞行中的那个位置是否看得到船只或灯塔，他看到的只有飞碟。

然而，假设目击者看到了 270 千米远的鱿鱼捕捞船队的主体是有问题的。综合考虑飞机的高度、灯光离海面的高度以及大气层中灯光的亮度，即使没有海市蜃楼，在那个范围内那些灯光也应该是高度可见的。副领航员后来宣称他在看到那个物体的同时也看到了那个鱿鱼捕捞船队："那晚我们看到了那个鱿鱼船队。它离我们发现那些灯光的地方并不近。"副领航员嘲笑了那个认为他们看到的飞碟只是捕捞船队的想法，他说，"一艘鱿鱼船不可能在那样的高度捕鱼。"然而，如果飞碟真的正在 900 米的空中移动着。功率大得多的克莱斯特彻奇的雷达应该发现了它。当时克莱斯特彻奇雷达正在看飞机的光而不是飞碟呢！另一个方面，地平线之下的物体的估计角度是与一个真正遥远的物体是不相容的。然而，由于飞机多次攀升和侧飞，水平角度已经出现了严重的错误。尤其是因为飞机正在一片漆黑的海洋上空，没有任何可见的参照物（而且因为昆汀·佛干提把飞机的每一运动都看成飞碟的上下运动。）飞利浦·J. 克拉斯强有力地证明，在那次朝北的旅程中的那一点上拍摄的飞碟并不是远处的船队，而是照明很好的一艘正在佩加修斯海湾捕鱼的单独的船。

飞 机 与 UFO 的 共 舞

斯达塔普机长决定转向那个物体以便更好地看一看，他朝助航航线的东边转了 90 度，并飞了 20 千米。大卫·卡若克特给摄像机装上了望远镜头，得到了一组连续胶片，只显示出明亮的曝光过度的光线。这组连续镜头有很多都聚焦不好，但也没有损害其商业价值。那个巨大的、粗劣又散焦的"海的点状"影像，明显是常见的整组连续镜头的静止框架。望向飞碟的视线在望向船队的视线以南40度至60度。尽管班克斯半岛上明亮的灯塔没有出现在胶片上，他们声称飞碟在飞机和半岛之间驶过。最初，马克比根据所有的证据，推断飞机在飞碟之上飞过，机组人员没有看到渔船的独立灯光的事实说明，必须排除飞碟是船的可能性。后来，马克比得到了额外的数据，又"证明"了飞机和飞碟保持不变的相对距离。飞机向右转时，飞碟也会向右转，就像两个舞蹈者在舞池里一样（或者比方说一辆被遥远的天体追踪的小汽车，车主向天体迎上去时，天体却好像在后退。）

几分钟后，飞机的机头挡住了斯达塔普机长的视线，使他无法观察到那个物体，而副领航员应该看得见它。尽管摄制组仍然在观察那个神秘的飞碟，斯达塔普机长停止了追逐，把飞机调整到助航航线。谁能说他由于突然失去了兴趣而未能给出什么科学发现呢？飞利浦·J.克拉斯提出，机组人员一发现那个飞碟原来是鱿鱼捕捞船就立即转向离开是为了避免摄制组做出同样的发现而带来的尴尬。他们飞离助航航线的确切距离无法得知，我们也无法知道他们后来的具体方向。昆汀·佛干提和威灵顿控制塔的录音带里记录的那时的确切时间和事件发生的顺序，这之间存在无法解释的矛盾。

在左转之后，那个物体再次明明白白地出现在飞机右侧，大卫·卡若克特能拍到它。然而，据说斯达塔普机长看到那个物体重现于飞机的左前方，而且明显高于飞机。起初马克比认为，斯达塔普机长看到飞碟时飞机在它的上方，但是当那个物体"改变了位置"时，他在随后的的文章中认为第二个飞碟出现了一瞬间，只有飞机左部的机长看到了它，而其他人仍在观察右边的第一个目标。可是，据说飞机上的雷达只探测到一个目标，克莱斯特彻奇雷达上则一个目标也没有发现。威廉姆·爱尔兰提出，斯达塔普机长看见的是他左边的木星，木星在天空的那部分非常明亮。但马克比不接受这种说法，因为斯达塔普机长对第二个目标的亮度和运动状态的估计如果是正确的，那它就和木星不一致。

不是渔船

马克比反对那个拍下的明亮的目标是渔船的假设，主要是因为它的位置与那个完全静止的目标不符。然而，观察到的那个目标的位置从未准确地测量或记录，而且目击人的描述有时相互矛盾。（例如，邓尼斯·格兰特写道，"14 时 30 分，就在前方。"但是机组人员坚持认为那个目标离那个位置远着呢。）那个目标在飞机雷达上最初的位置离最终观察后的位置很远，如果它们是同一物体，这意味着迅速的移动。在一架前后左右摇摆、俯仰运动着的飞机上准确报告一个在黑色背景下的发光物体的运动是近乎不可能的。毫无疑问，当时在新西兰的南岛东海岸附近捕鱼的船有几十艘，其中每一艘都携带着功率高达 36 万瓦特的白炽灯来从深海里诱捕他们的猎物。

马克比对胶片上的物体的高度的测算表明，在飞机转向目标消失之前，那个在机载雷达指示出的位置上的物体可能是一艘捕鱼船。威廉姆·爱尔兰认为就它。海面上的船会像这个所谓的飞碟一样逃脱克莱斯特彻奇雷达的探测。主要的反对观点是，据说捕鱼船可以向政府报告它的位置，因为在那一带捕鱼是完全合法的，但事实上没有船只报告过。（难道某些国家的船只习惯于非法捕鱼？）反对那些亮光来自遥远的捕鱼船队的一个论据是马克比的测算：在如此远距离的船队不可能像胶片上的那个物体那么亮。然而，这种测算主要是基于显示个别反常现象的单一框架的方法，尽管马克比说它与胶片上的其他尺寸一致，这种方法仍可能是错误的。

对我而言，这段目击故事最不可信的方面是所有的证人都根本没有描述他们看见了任何捕鱼船！斯达塔普机长现在宣称他当时看到了捕鱿鱼船队，"它并不靠近我们发现的灯光的位置。"他的话和我们认为必然是真的事情相矛盾。但是当时他们看到的只是飞碟，报告的也

只是飞碟，而且他们错过了使用那些灯光辉煌的静止的捕鱿鱼船队作为飞碟的参照点的明显机会。现在知道的唯一的参照物是移动着的飞机的机体。只要机组人员曾经说，"飞碟位于捕鱼船队右侧约20度，"那么飞碟是捕鱼船队的怀疑就会消除了。

闹鬼的飞机

　　飞机继续往北飞向布伦海姆。约10分钟后，飞利浦·J.克拉斯雷达报告，他们发现一个目标距离飞机33千米，位于凯克拉北边10千米处。马克比说在机载雷达上应该能看到它（没有人肯定），但是人们用肉眼什么也看不到。不久，威灵顿方面报告说又有两个雷达目标出现在前方11分位，距离为24千米。肉眼还是看不到。"我们这时好像并不容易发现它，"斯达塔普机长回答说，"向南飞时我们曾发现他们非常明亮，但现在它们好像有点不活跃，对肉眼来说绝对如此。"

　　当时还有一个雷达目标位于前方九分位，距离为13千米。又没有看到有关它的报告。昆汀·佛干提又开始了他的电视解说，他说，"现在没有进一步的活动。"他又补充道，"我一个晚上看到了太多的飞碟。"马克比注意到尽管当时斯达塔普机长没有报告什么，但是就在这次飞行之后，他对其他目击者断言，"机载雷达上发现了一些目标，其位置好像与威灵顿方面的报告一致。"然而，他显然也在一个晚上看到了太多的飞碟，因而没有提及它们。因此机载雷达上这些目标的存在现在不能得到证实。

　　昆汀·佛干提的下一步举动是宣称在这次飞行的这一片断里"同样古怪的事情发生在飞机内部。"昆汀·佛干提叙述道，他意识到有灯光由货舱经楼梯口移过来。"我感觉到飞机后部有什么东西存在，我转身朝楼梯下面望去，我与邓尼斯·格兰特的目光相遇，我们都没有说什么。"他们的飞机不仅受到一个编队的飞碟的追踪，而且明显闹鬼了！也许更奇怪的是，由于马克比注意到，在早先的"近距离遭遇"片断中时间顺序无法连贯起来，昆汀·佛干提现在认为在离开助航航线后的几分钟，飞机遇到了"时间扭曲"。马克比在不否认这样的陈述的同时说，"时间扭曲"的发生是不能证实的，因为这种差异也可能是由这些描述中的某个错误导致的。

最后一个飞碟

飞机现在越过了凯克拉，正在返回布伦海姆的最后一段航程上飞行。机组人员询问威灵顿方面雷达是否发现了一个位于 12 分位的目标。威灵顿方面的回答是，"是的，这里有一个较强的目标位于你的12 分位，距离是 33 千米。"斯达塔普机长报告说他的雷达显示了那个目标，同时它也有"一个非常良好的视觉展示。"大卫·卡若克特在胶片上成功地抓住了一束迅速闪烁着的光。他们也看到了其他闪烁的灯光，它们的位置显示它们明显在陆地或陆地之下。昆汀·佛干提说其中一个"看起来就像指示飞机飞行的灯塔。"为了看它到底是不是灯塔，威灵顿空中交通控制中心通过电话要求布伦海姆关掉位于布伦海姆飞行服务中心的旋转式信号灯。当信号灯关掉时，一个最突出的飞碟消失了。马克比说胶片上摄下的物体不是布伦海姆信号灯。因为他知道这个或者其他的信号灯的颜色或周期并不相符。遗憾的是，飞机上的人都好像不记得他是否看到胶片上摄下的飞碟。飞利浦·J. 克拉斯注意到，那盏闪烁的灯正好与飞机上的防撞灯的周期相符。可是，威灵顿空中交通控制中心说，当时在那个区域绝对没有其他的飞机。很可能拍下的是经过螺旋桨叶或飞机机体的其他部分反射的该飞机自己的防撞灯。但是，其颜色好像出人意料。马克比揣测他们拍下的飞碟实际上与信号灯大致同步地闪烁。地面上任何物体如救护车，都几乎可能被理解成胶片上摄下的飞碟，只是当时未能发现而已。

威灵顿方面报告，又有四个雷达目标出现在海岸线 1.6 千米外。根据马克比的说法，其中一个或者更多"可能早就看到过。"另一个目标出现在飞机的正前方近 3.2 千米处。"我们没有看见它"，机组人员报告说他们看到一个亮光出现在布伦海姆飞机场后面。而威灵顿雷

达站回答说，"那里没有任何东西显示。"一分钟后，机组问威灵顿方面2分位与3分位之间是否有目标出现。威灵顿的回答是，"没有什么显现。"马克比说，威灵顿方面发现有一目标位于9.5分位，机上人员"可能"看到了它。飞机在布伦海姆着陆前，斯达塔普机长报告说他看见有灯光位于库克海峡，像渔船船舱里的灯光。威灵顿方面只看到了一艘船，而机组人员看到了许多船。这些船几乎肯定是从新西兰西海岸水域向东海岸水域行进的鱿鱼捕捞船。当飞机在克姆贝尔海峡附近盘旋着降落时，机组问在皮克通上空是否有目标。"没有，完全没有"，威灵顿方面回答。这是当晚的最后一个飞碟，几分钟后飞机安全降落在布伦海姆。

第四节　雷达上的不明目标

雷达目标是否代表真正的飞碟呢？威灵顿的雷达操作员乔治·高斯说，"在每个星期六晚上，无论什么时候屏幕上都至少有一个或两个飞碟。"他的话表明，要么是发生了一些非常奇怪的雷达增殖现象，要么是整个编队的外星飞行器逼近了新西兰的南岛。由于在应该只是显示移动目标的雷达上出现了几个明显静止不动的目标，揣测某些机件出了故障是合理的。但是最令人信服的说明飞碟不存在的证据是这些雷达目标本身的特性。它们突然冒出来，又突然消失，一阵在这儿，另一阵又在那儿，又没有清楚的方向或运动的特征。有时不同的目标并成了一个，目标的大小有时会发生变化。这种像艾利斯在仙境中般的变化方式是典型的由特殊的气象状况导致的雷达仙波寄生目标的特点。从二战期间雷达的早期开始，仙波就一直是雷达使用者所讨厌的。甚至在全世界有许多种雷达在使用的今天，科学家们仍然对雷达增至问题继续进行研究。无论是对于军用还是商用目的，这都是一个极其重要的问题，而最终答案还远远没有确立。

雷达仙波

然而，我们已经知道，在温带地区的仲夏，仙波发生最为频繁。在新西兰，12月是夏季，海军研究实验室制作的显示反常雷达增殖最频繁发生地区的图表表明，在南半球的夏天的任何时候，新西兰的东海岸经受反常雷达增殖的机会至少为35%，而且，新西兰的天气记录表明在那个时候至少有两层电波反常增殖的独立的大气层（如果不是三层的话）。当时无线电高空测侯仪探测到两个反温层（即在该层中温度随高度而升高，与标准层恰恰相反）和一个极其强大的"超对流层"（与反温层恰恰相反，其温度随高度下降，但是温度的下降要比对流层快得多）。超对流层也会给雷达带来灾难。

制作该图表的新西兰气象学家此时在上面写道："这种特征在多数情况下是不寻常的，但无线电高空测侯仪的描绘线已经检查过，好像是正确的。"然而，由同一机构后来提供的图表显示，由于怀疑读数错误，这种特征被勾销了。因此，不同寻常的是这个超对流层。当罗伯特·希弗尔写信寻求解释时，他被告知在此期间使用的一些无线电高空测侯仪曾经失常，人们怀疑设备故障是由超对流层导致的。然而，那些读数可能是极其正确的，现在那个问题就无法具体地回答。无论如何，两个反温层的存在不会受到挑战。

反温层也导致视觉上的幻影，致使正常情况下远在地平线之下的物体变得暂时可见，人们见到它时它通常是倒置的，经常被扭曲变形得几乎无法确认。

马克比用《康顿报告》的第六节的公式为雷达计算了一个折射指数预测表，明显显示出尽管存在两个甚至三个反温层或超对流层，在那个晚上没有反常的增殖发生。然而，刚才提到的海军研究实验室的研究报告说："无线电高空测侯仪是一个反应迟缓的设备，是人们用轻于空气的气球带到空中以测量温度、气压和空气的湿度。"可是，

折射指数预测器要求有既准确又反应灵敏的测量仪器。因此，无线电高空测候仪的使用严格限制了为得到可信的折射指数预测值而准确探测主要的折射指标成分的能力。

因此，虽然马克比解释这个问题的数学方法完全正确，他所处理的唯一的数据——反应迟缓的无线电高空测候仪的读数——却不够准确，不能据之以计算可信赖的折射指数预测值。这些结果只显示了总的特征。我们知道存在至少两个（如果不是三个）独立的反常雷达（和视角）折射层，但是有关它们的大小和程度的数据只给我们提供了当晚大气层的上部主要的真实状况的一个粗略的图表。然而，威灵顿的雷达技术员说，他进行了一次揭示反常增殖的测试，并发现没有反常增殖。

无法平息的风波

无论如何，在绝大多数情况下，雷达上的飞碟和看到的飞碟在方向和距离上是不一致的。有许多次，我们看到了其中一个，而没有看到另一个。马克比的数据表明，从威灵顿雷达来看，在 21 次可能涉及雷达和视觉的同步目击的独立事件中，只有五次目标的方向和位置大致相符。因此，在 76% 的事件中，雷达和视觉目标不一致，只有24% 的事件它们才一致（我们排除了那些视觉目标的方向无从得知的事件）。由于偶然性，即使完全无关的事件也会在一定百分比的时间里好像一致，尽管在大多数事件中它们都不一致。如果真正的飞碟当时在场，每一次真正的目击在雷达和视觉上都会极好地协调起来。由于在 76% 的情况下他们不一致，这些迹象似乎说明，真的没有任何超出寻常的事物在场。

几乎是飞机一降落在布伦海姆，这次飞行的轰动性故事以及那些胶片就出现在新西兰报纸的头版头条，该故事也很快在全球构成新闻。三个晚上之后，新西兰的皇家空军部队毫无疑问带着平息公众对所谓的神秘飞行器渗透进了新西兰空域的担心的目的，派出了一个中

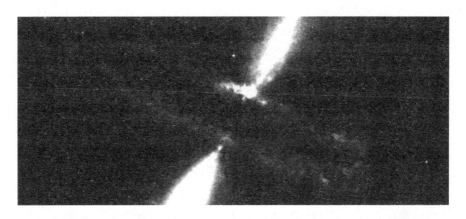

队的俄里昂飞机去调查真相。在他们追寻飞碟的 7 个小时里，他们检查了出现在威灵顿和克莱斯特彻奇的雷达上的 14 个无法解释的雷达目标。大多数这类目标的位置，完全没有看见什么东西。在某些位置，在飞机到达之前雷达目标就消失了，他们发现了清澈空气的湍流。在一个目标的位置，他们发现了一艘锚泊的船。当飞机在船的上空三次飞过时，岸载雷达在三个不同的位置标出了这条船，而且正在以每小时 50 千米的速度移动。"奇怪的事情是在船与雷达之间有一座大山高达 920 米"，飞行中队队长雷·卡兰说。"由于雷达的电波在理论上沿直线前进，我无法解释这怎么发生的。——但我想他们应该检查一下雷达。"新西兰空军飞行员们也观察到日本的鱿鱼捕捞船队的主体位于海岸外的 260 千米。卡兰说，"它产生的光亮大得难以置信。当我们沿着船队和克莱斯特彻奇之间的中线飞行时，船队上的光比该市的灯光还要亮得多。"当昆汀·佛干提和大卫·卡若克特的纪录片的消息传遍世界时，对此做出的解释激增，其增长速度可以和报纸头条的增长速度相媲美。

流星或其他

大多数解释是完全荒谬的。著名的英国天文学家伯纳德·勒沃尔先生，认为那些飞碟最可能是进入大气层时没有燃烧起来的流星。他

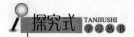

应该知道地更多。此事件的持续时间，和物体相对低的角速度使得流星解释极其荒谬。著名的英国业余天文学家，科普作家帕特瑞克·摩尔指出，这种现象是一只汽艇或不定期的航班。但是，这也不符合持续时间的长度和相对运动。

新西兰的约翰山天文台台长大卫·马浜最初说胶片几乎肯定显示了金星。如果金星在拍摄时升起了，那么，它的解释将有更高的可信度。在看了影片之后，他说影片显示的是木星。新西兰的一位物理学家 N. 巴伯教授反对金星的解释，但他提出的理由是错误的。他说，"金星现在是新月状的，而这些（影片上显示那个物体的框架）是圆的。"这表现出他对月牙状的金星的相对角尺寸和手握式镜头的结果的完全无知。MUFON 在新西兰的代表哈罗德·富尔腾有一个反对金星假设的更好的"证据"："你不可能用远射镜头拍下 6124 万千米远的金星的照片。"到太阳的距离接近这个距离的 3 倍，但仍然是许多照片的主景。

凯克拉的鸟类观察家 G. 哈娄先生给出的解释是：那些人们看见并在雷达上显示出来的物质是凯克拉海岸旁的鱿鱼船队上的灯光的反射正在交配的灰鸵。康特伯利大学的电子工程学讲师 J. A. 韦伯教授提出，那些目击可能是由于汽车灯光被气层"反弹"回来。凯克拉的伊恩·皮尔歌夫人说，人们看到的飞碟不过是她中的大白菜"反射了云或者什么东西，我种了大片的大白菜，它们像个大美人。它们的叶子在目光下闪闪发亮。"

但也许对拍下的物体的最引人入胜的解释是澳大利亚的业余天文学家拉尼根·金菲作出的。他从电视机上录下了这段影片，对它进行"线条扫描分析"。据说这证明那个拍下的物体是木星。他说，影片甚至按正确方位反映了木星的四个明亮的卫星。然而，人们报告的飞碟的方位和高度通常与木星不一致，尽管在那次事件中木星扮演的只是一个小角色。更糟糕的是，金菲先生最初用错误的拍摄时间得出了和"木星卫星"的位置的吻合；而当他后来改成正确的时间时，他们仍然"一致"。金菲解释说，飞碟的散焦镜头的图像是木星的聚焦影像，只是被远摄镜头夸大了。

第五节　轰动性的飞碟胶片

电视台的发现

　　飞碟成为新西兰的热门话题，一些地方记者感到很尴尬，因为2450千米外的澳大利亚电视台正在大讲特讲发生在他们自家门口的世纪故事。（新西兰必须是利用新西兰的自然资源的第一个，包括飞碟！）因此，1月3号的早晨，也就是0频道拍下影片的三个夜晚之后，新西兰电视台派出了一个摄制小组来到凯克拉附近的克莱伦斯河地区。正如所料，他们也大有收获。早晨3时15分，他们首次发现飞碟，这与金星升起的时间惊人的一致，其方向也和金星相同。记者特里·奥尔森说，那个物体或多或少保持静止不动，只是缓缓地在向上移动，非常像从南半球望去的一个天体。在太阳升起之后，他们仍然可见："在天上其他的星星都消失之后。它好像是一颗银色的星。"

　　MUFON的哈罗德·富尔腾分析了这部电影，并说，"光球中央的星点实际上是飞碟，而周围的白点是辐射。"然而，没有人能够希望找到比电影小组所做的更好的金星描述。

　　J.艾伦·海尼克明显地同意了上述说法。让我们看看在1979年1月5日美国广播公司（ABC）的"美国，你早"电视节目上他向特利·奥尔森提出的问题吧。他问道："我在想，他是否在同一时刻看到了金星呢？"一个绝妙的问题。奥尔森答道："我不能确认金星，我不是天文学家。"我想他说得对。海尼克又问："你知道那个要拍下的巨大的圆形的物体就在焦距内吗？"奥尔森说，我们无法知道，"摄像

师以前从来没有操作过这种镜头。"海尼克提出的几个尖锐的问题证实，克莱伦斯河上电视 1 台拍摄的录像上的飞碟看起来很像金星，其运动也像金星。然而，当节目主持人要求他评价此事时，他含糊其辞地低语道，这需要进一步的研究。他竟然一字不提金星！可是海尼克在其他场合公开承认：电视 1 台的影片显示的几乎肯定是金星。但是在现场直播的电视节目网上面对几百万观众，海尼克不愿给他的对手提供帮助和慰藉，因此他不会说，这段戏剧般的飞碟影片描述的正是金星，而且一点也没有脱出焦距。

疯狂的电视台

宝藏号飞机（S. A. E）一回到布伦海姆，飞碟影片立即热销起来。这个故事首先由丹尼斯·格兰特透露出去。到上午晚些时候，昆汀·佛干提说"对我们的故事，克莱斯特彻奇广播变得无比疯狂。"同一天 0 频道命令昆汀·佛干提离开新西兰前往墨尔本。从星期六开始他就没有睡过一会儿。1 月 1 日到达墨尔本之后。昆汀·佛干提为他谦虚地描述的"世纪故事"工作了整个晚上。他忘我地赶着准备这个超热门的新闻，并与 0 频道的管理层争夺版权。到 1 月 2 日，他神经衰弱，不得不住进了医院。他不眠不休已达 40 个小时！

大卫·卡若克特的胶片在墨尔本一冲洗出来，其版权立即向全世界各新闻机构兜售。昆汀·佛干提的独家新闻在 1 月 1 日（星期一）晚上在澳大利亚推出。12 个小时之后（星期一晚上），英国的哥伦比亚广播公司的晚间新闻播出这段录像。版权以一个未透露的价格被卖给英国的广播公司（BBC）和香港电视台。

甚至毫无疑问的是金星的电视 1 台的录像，也忽然成了热销的商业财富。由于哥伦比亚广播公司首先买到了新西兰的飞碟影片的播放权，美国广播公司立即抓住了第二份，接着推广。日本和香港电视台也争相购买。电视 1 台的总裁道·埃克霍夫高兴地说："我们赚了几万美元，也许更多。"在另一次谈话中他说："我不会说我们为什么要卖——价格已经很高了。"没有人在意，那不过是一段正在升起的金星的脱出焦距的录像。很明显，当新闻道德和由巴拉姆式的推销花招提供的潜在利润相抵触时，即使"有责任心的"新闻机构也会几乎不可避免地毫不迟疑地撕掉他们的假面具。

在影片发行达到两星期之前，0 频道的制片人莱纳德·李正在美国，他一边在电视节目中露面，一边和出版商谈判飞碟影片的版权问题。他的旅行是由一家名叫"国民调查"的通俗小报付费的。布鲁斯·马克比和李会见了很多次，最后离开华盛顿附近的家来到纽约城，参加 0 频道在豪华的埃舍克斯饭店举行的记者招待会。在纽约期间，李和媒体大亨鲁佩特·麦多克的出版帝国（包括通俗小报"星球"）的代表举行了谈判。

李显然在那里得到了比他和《国民调查》的谈判更多的好处。"星球"刊出了一系列的文章，引证不同专家的话来推销这部影片。马克比其中一篇写到"我们大量的精力都浪费在射火鸡的活动中。这是一只大火鸡值得我们好好研究。"他们还刊出了一张照片，内容是莱纳德·李躺在旅馆的床上，他的胳膊上拴着一个装着胶片的手提箱。其标题是："轰动性的飞碟胶片在严密的保密措施之下到达此地"。

赚钱的机会

几个月后，莱纳德·李又卷入了一件极为古怪的事件。1979 年 7 月，美国航空航天局的空间站——一个无助的庞然大物的最后几小时的命运完全受到上层大气层和太阳风暴的无常变化支配，这使几乎整个世界都陷入害怕落下的残片落到头上的"空间站恐慌"中。当它最终疯狂地回到地球时，空间站的碎片落入了印度海里、西澳大利亚沙漠，没有造成损害。此后不久，有一种谣言开始传播，说空间站是三个不同的宇航组的家，它实际上进行了一次间谍活动。它是美国航空航天局的"附近"的松壑安全卫星按照澳大利亚的发出的命令故意弄

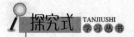

下去的，其目的是立即送到美国。当然，像空间站一样的宇航工具无法在回收的高压下保持完好。

不久莱纳德·李也开始利用这次机会发财。他宣称美国航空航天局（NASA）事先就知道空间站落下的准确位置。而且，0频道要播出这个头等秘密的信息了。但一个美国政府官员要求他"删去它"。李解释道："我告诉他我不想删去。"后来李出席了一个NASA组织有关空间站的回收的记者招待会。李声称"当我们回到空间站和松鳌卫星时，NASA发言人明显在颤抖，他的双手都在震颤。""这个问题我们提出了三次，唯一的回答是他不愿意提及松鳌。"

1979年4月20日，环球通讯前目击者，飞碟评论的出版人提莫塞·格力恩·贝克利与澳大利亚广播协会合作，在纽约市举行了一次记者招待会来推销0频道胶片。贝克利是飞碟商人中的佼佼者，定期刊发一些充满野性的粗犷的飞碟广播。例如"不错，外星人走在我们中间——但是为赶上他们，你是否准备就绪了呢？"马克比又一次来到纽约协助这次宣传。信息灵通的观察家怀疑贝克利从照片中榨取了200万美元。但没有人准确地知道他究竟赚了多少。

不在乎的正确

作家哈里·勒布尔森受《征兆》杂志委托，想写一篇有关新西兰影片的故事。1979年1月在纽约工作的勒布尔森打电话给澳大利亚的昆汀·佛干提。"那个记者说，除非我付给他500美元，否则他不会揭示这一故事的任何方面。"勒布尔森写道，"遗憾的是，他没有按照记者的原则拒绝付费，而是讨价还价起来。"勒布尔森告诉昆汀·佛干提他的故事刊发在一份全国性的主要杂志上将赋予它正确性。

昆汀·佛干提答道，"我不在乎正确不正确，我只希望完全摆脱这正件事。"昆汀·佛干提辞去了0频道的工作，全力以赴写一本关于他的经历的书。对于一个希望完全摆脱这整件事的人来说，这肯定是奇怪的行为。另外，斯达塔普机长写了一本关于他的经历的书。大卫·卡若克特访问了美国，每天讲演六次，每人收费 2.5 美元。在如此的金钱诱惑之下，客观的报道可能会退居二线。

有关 0 频道在 1978 年最后一天拍摄的飞碟影片的问题是否对每个人来说都解决了呢？这是值得怀疑的。飞碟的支持者迅速地将它构造成一个主要的"经典"事例。如果所有反常的雷达目标实际上符合目击者据说看到了的灯光的位置，那么这一事例将更为动人。如果雷达目标不是像讨厌的仙波一样突然冒出又突然消失；如果新西兰周围的海域没有被日本和韩国的鱿鱼捕捞船填满；如果胶片上摄下的目标呈现明显可以辨别的结构，而不是一团没有特征的光；如果反常雷达信号是普通的，而不是发生在某个时间某个地点；如果事件发生时没有两个甚至三个不同的反常雷达（及视觉）增值层；如果三个有关的雷达——威灵顿的、克莱斯特彻奇的以及机载的在同时同地显示出那个未知的物体；如果事件的主角没有立即参演一部商业利用的情景剧……海尼克说 0 频道的影片是迄今为止"我们研究过的 75 000 次飞碟目击文件中给人印象最深的证据"。这是对所谓飞碟证据软弱无力的承认。

新西兰绝密 UFO 档案

2010 年 12 月，世界上多个国家公布 UFO 绝密档案后，新西兰政府也加入他们的行列，公开了 2000 页最早可追溯至 1952 年的 UFO 目击报告。

据探索频道记者伊恩·奥尼尔（Ian O'Neill）介绍，在大致浏览了部分文件后，他发现里面包含一些目击者对飞碟、与外星人亲密接触及在天空中短时间看到奇异灯光的报告。虽然要完全理解所有材料需要更长时间，但据他猜测，新西兰军方 UFO 目击报告内容类似于英国政府日前公布的 6000 页 UFO 档案。

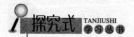

新西兰不明飞行物研究机构 UFOCUS NZ 的苏扎尼·汉森（Suzanne Hansen）在接受《自治领邮报》采访时表示，两年来她一直要求政府公开 UFO 档案，不过，她对看到新西兰一些最著名 UFO 目击报告的细节其实不抱什么希望。汉森说："我开始游说，最初，他们说在可以预见的未来绝不会公布此类档案。"

新西兰军方公布的 UFO 目击报告有许多肯定只是说看到不明飞行物，另外报告中可能还包括新西兰最著名的一些神秘事件。其中一起发生在 1978 年，当时，雷达操作人员、飞行员和摄影记者在新西兰南岛凯库拉小镇的天空中看到一连串奇怪的事件。多个闪闪发光的物体跟在他们乘坐的飞机后面追出几英里，新西兰本土的雷达操作人员也证实了这起 UFO 事件。

这自然在当时引起了对这些 UFO 可能来源的种种猜疑，一直以来，人们对这一事件是否真的发生过持深深的怀疑态度。不明飞行物研究人员无疑会对凯库拉 UFO 事件的每个细节非常感兴趣，希望找到 UFO 潜在来历的线索。伊恩·奥尼尔说："虽然我对一些更为神秘的 UFO 目击报告感兴趣，如凯库拉目击事件，但我完全不相信新西兰这些文件中描述的不明飞行物如其中众多报告所说的那样属于外星人造访地球。"

奥尼尔的同事本·拉德福德就说，"没有一个人提出过外星人来访的确凿证据。"缺乏证据虽不意味着外星人没有造访过地球，但外星人穿越茫茫星际空间，追着商业飞机玩"老鹰捉小鸡"游戏的可能性几乎不存在。此外，鉴于星球之间的距离，即便是最先进的飞船，穿越两个星球也看似不可能完成的任务。尽管普通公众往往将 UFO 看作是外星人的代名词，但大多数 UFO 目击报告都可以用地球上发生的事件来解释。

后续　全球发生 UFO 事件十大地点

2008 年 1 月 8 日，在美国德州小镇斯蒂芬维尔，有数十位当地居民声称亲眼看见一巨大的不明飞行物（UFO）从小镇飞过。据悉，不明飞行物有近乎一英里长，半英里宽，体积庞大。其飞行速度时快时慢，并带着耀眼的光芒。

史蒂夫·艾伦是斯蒂芬维尔镇的一名退休飞行员，他表示："据我估算，这个不明飞行物时速达到 3000 英里，它很有可能来自其他星球或者宇宙。"此外，在 2008 年 10 月份，当地很多居民再次目睹了不明飞行物的出现，并且在随后的几年内，也有零零星星有关不明飞行物的相关报道出现。因此，斯蒂芬维尔镇也成了美国境内观测 UFO 的"热点地区"。

据悉，实际上在全球其他各地也存在很多类似地区，有些地方因为 UFO 频现，能够不断吸引游客前来参观观测，同时也促成了新旅游资源的产生。《私家地理》网站根据 UFO 出现概率，挑选出了全球发生 UFO 事件概率最高的 11 处地点：

1. 波多黎各

波多黎各因不断出现 UFO 事件，已成为 UFO 研究人员及爱好者心目中的必去之地，特别是在云盖雨林（El Yunque Rainforest）地区，UFO 频现已吸引了不少冒险人士的目光。据悉，全球很多 UFO 调查人员都亲自跑到云盖雨林，希望能够目睹 UFO 的出现。

近期 UFO 事件：2010 年 1 月 23 日，两名波多黎各民众在驱车前往 Bayamon 的途中，在空中发现了一架奇怪的飞行器。飞行器腹部有

四个类似于火箭助推器的动力装置。

2. 俄罗斯索契

2014年，俄罗斯索契将举办冬奥会，不过，如今该地已产生一项新的体育运动——找寻UFO（UFO hunting）。据悉，当地已发生数百起UFO目击事件。有一次，一位当地的居民还用摄影机拍摄下了UFO高速飞跃整个城市上空的情景。很多人甚至认为，索契附近的Bytkha山脉实际上是外星人设立在地球上的基地，外星人借此基地穿梭于地球和其他行星之间。

近期UFO事件：2009年12月份，有UFO爱好者拍摄到了一架金字塔形的不明飞行物悬停在莫斯科克里姆林宫上空的情景。一些目击者称，"金字塔"体积庞大，长度可能达到大约1.6千米，外形酷似电影《星球大战》中的一架帝国战舰。

3. 英格兰威尔特郡

据当地居民表示，威尔特郡在过去的50多年来，晚上经常会出现刺眼亮光以及神秘的轰隆声。这些奇特的事件也一直吸引着UFO爱好者搬到此地居住。据悉，沃敏斯特（Warminster）地区是威尔特郡UFO出现频度最高的地方。很多UFO爱好者经常在晚间聚集在沃敏斯特附近的克雷山（Cley Hill），静待UFO的出现。

近期UFO事件：2010年2月20日，威尔特郡一位居民看到一架巨型低空飞行器从上空飞过。目击者描述称，当时这个飞行器开着两盏白灯，航线混乱，并且速度极快。

4. 墨西哥城

1991年7月，墨西哥城发生过一次日全食，当时许多居民声称曾看到在黯无光芒的太阳旁边看到了不明飞行物。自那时起，墨西哥城乃至整个墨西哥都成为天文观测者们向往的地方。1999年，该城附近一处城镇的居民中大约六成以上表示看到了UFO。2005年4月11日，墨西哥城数千人观察到数百架UFO编队飞行的奇景。目前，YouTube上也有超过3千段视频"记录"了墨西哥城上空的奇景。

近期UFO事件：2009年12月13日，墨西哥城中居民目睹到有

UFO 飞跃城市上空。

5. 美国华盛顿州亚当斯山

自从 1986 年以来，就开始有 UFO 爱好者前往亚当斯山，试图探寻 UFO 的踪迹。据称，这些冒险者从未失望而归，其中有爱好者甚至发现了大编队 UFO 的飞行过程。

近期 UFO 事件：2009 年 7 月 4 日，在一次亚当斯山探险活动中，所有参与者都目睹了一个三角形不明飞行物在山顶飞过的情景。

6. 智利克莱门特

克莱门特位于智利首都圣地亚哥南部约 150 英里处，这里是智利官方描绘的 UFO "频发带"。自从 20 世纪 90 年代以来，这一地区已发生数百起 UFO 事件。此外，这一地区平地高原众多，据传是因 UFO 降落所致。这里也因此而成为 UFO 爱好者眼中的"圣地"。

近期 UFO 事件：据报道，2010 年 2 月 27 日智利大地震之前，莫尔地区的居民发现了极光异常现象。或许这同 UFO 活动有关。

7. 苏格兰福尔柯克三角洲

福尔柯克三角洲附近一个名为邦尼布里奇的小镇被很多人称为苏格兰的 UFO 之都。自从 20 世纪 90 年代以来，共有超过 2000 名当地居民声称发现了不明飞行物的踪迹，其中包括天上的飞碟、盘旋的亮点或者神秘的发光体。

近期 UFO 事件：2009 年 11 月 29 日，一名当地居民在夜间拍摄流星雨的时候，看到一个红白色的巨型发光体以直线方式划过夜空。

8. 喜马拉雅高原拉达克地区

据报道，一直以来，拉达克地区当地居民不断发现有神秘飞行物在天空穿梭。他们还称，实际上中国及印度政府已经发现了该地区存在外星人建造的 UFO 地下基地，并且还派出军队对该地进行守护，以避免过多人知晓这个秘密。

近期 UFO 事件：2009 年，拉达克地区的一所学校在举行拔河比赛的时候，超多半数的学生都发现有奇怪的飞行物体从山间飞出，并且以极快的速度飞跃上空。

9. 美国德州伊拉斯县

2008 年 1 月 8 日，伊拉斯县当地有数十名居民注意到空中有一个宽度达到一英里的不明飞行物从空中飞过。随后在当年 10 月份，伊拉斯县再次出现不明飞行物的身踪影。

近期 UFO 事件：2010 年 3 月 3 日，目击者声称看到一个梯形飞行物亮着四盏橙色灯，从伊拉斯县上空飞过。

10. 澳大利亚威克利夫威尔镇

这个小镇地理位置偏远，大气污染较少，因此非常适合天空观测。由于威克利夫威尔镇 UFO 事件频出，当地餐馆在门上也贴有近期 UFO 事件相关图片。这里已被很多人确定为澳大利亚 UFO 之都。

近期 UFO 事件：2009 年 7 月份，两位目击者在地平线上发现了一个不断闪光的飞行物。

11. 内华达沙漠东部

这个 UFO 热点地区的具体位置位于内利斯空军基地及希尔空军基地之间。当地一个名为怀特普莱恩斯的小镇居民表示，这个地区出现过很多 UFO 事件。如今，很多不明飞行物研究机构及爱好者团体都把关注重点放到了这一地区。

近期 UFO 事件：2009 年 12 月份，空军基地一名飞行员在驾驶军机飞跃这一地区时，发现有两个不明飞行物迅速从自己眼前飞过。